用Python编程和实践！

数学教科书

机器学习·深度学习中必要的基础知识

［日］我妻 幸长 著　杨鹏 译

中国水利水电出版社
www.waterpub.com.cn

·北京·

内 容 提 要

《用 Python 编程和实践！数学教科书》通过 Python，深入浅出，详细介绍了机器学习和深度学习中必备的数学基础知识，主要内容包括 Anaconda 环境的安装、Jupyter Notebook 的使用方法、Python 编程基础、Numpy 和 matplotlib 的应用、数学基础、线性代数、微分、概率·统计相关知识、利用机器学习实践数学模型等。本书为双色印刷，内容讲解浅显易懂，特别适合那些想从事 AI 开发但数学基础薄弱的读者学习。

图书在版编目（CIP）数据

用 Python 编程和实践！数学教科书 /（日）我妻幸长著；杨鹏译 . — 北京：中国水利水电出版社，2021.6（2022.4 重印）
ISBN 978-7-5170-9277-3

Ⅰ.①用… Ⅱ.①我… ②杨… Ⅲ.①软件工具—程序设计 Ⅳ.① TP311.561

中国版本图书馆 CIP 数据核字 (2021) 第 269194 号

北京市版权局著作权合同登记号　图字：01-2020-7215

Python で動かして学ぶ！あたらしい数学の教科書
(Python de Ugokashite Manabu Atarashii Sugaku no Kyokasho : 6117-4)
© 2019 Yukinaga Azuma
Original Japanese edition published by SHOEISHA Co.,Ltd.
Simplified Chinese Character translation rights arranged with SHOEISHA Co.,Ltd.
in care of JAPAN UNI AGENCY, INC. through Copyright Agency of China
Simplified Chinese Character translation copyright © 2021 by Beijing Zhiboshangshu Culture
Media Co.,Ltd.

书　　名	用 Python 编程和实践！数学教科书 YONG Python BIANCHENG HE SHIJIAN! SHUXUE JIAOKESHU
作　　者	［日］我妻 幸长 著
译　　者	杨鹏 译
出版发行	中国水利水电出版社 （北京市海淀区玉渊潭南路1号D座100038） 网址：www.waterpub.com.cn E-mail：zhiboshangshu@163.com 电话：（010）62572966-2205/2266/2201（营销中心）
经　　售	北京科水图书销售有限公司 电话：（010）68545874、63202643 全国各地新华书店和相关出版物销售网点
排　　版	北京智博尚书文化传媒有限公司
印　　刷	北京富博印刷有限公司
规　　格	148mm×210mm　32开本　9.25印张　285千字
版　　次	2021年6月第1版　2022年4月第2次印刷
印　　数	5001—10000册
定　　价	89.80元

前　言

本书是一本面向所有人的"AI数学"教科书。
特别适用于"想学习人工智能，但数学基础薄弱，
并感到数学门槛高"的人群。
下面就跟随本书，一边写Python代码，
一边由浅入深地学习面向AI的数学知识吧。
如果本书能为人们扫除学习AI的数学障碍，
让更多人顺利进入AI殿堂，
我将非常高兴。

——我妻 幸长

人工智能作为计算机科学的一个分支，在2016年AlphaGo赢得人机大战的比赛后，得到了前所未有的关注，近年来更是飞速发展。目前，人工智能技术已经广泛应用在人们工作和生活的方方面面，如最常用的人脸识别、机器翻译、语音识别、智能机器人、智能推荐系统等。

人工智能很强大，随着技术的进步，未来人工智能技术的应用将更加广阔，对相关人才的需求也将不断增长。我们知道，人工智能是一个交叉学科，涉及计算机科学、神经网络、大数据、心理学等众多内容，但是数学是学习人工智能技术的一门基础学科。中国科学院院士、西安交通大学教授徐宗本曾说"人工智能的基石是数学，没有数学基础科学的支持，人工智能很难行稳至远。"他认为，目前人工智能所面临的一些基础问题，其本质是来自数学的挑战。

所以学习人工智能技术，数学是必须攻克的一个基础门槛。

本书就是特别为那些想学习人工智能技术，但是数学基础薄弱的人而编写的，对AI开发中必须具备的数学基础知识进行了系统讲解，对比较棘手的数学公式和难以理解的概念，用Python编程的方式辅助读者理解，语言浅显易懂，内容循序渐进，希望能帮助读者扫清人工智能学习路上的数学障碍。

本书适用对象

　　本书系统介绍了机器学习和深度学习等 AI 开发中必备的数学基础知识，是一本可以从基础开始学习的 AI 数学教材。

　　特别适合以下读者学习：

- 想从事 AI 开发但数学成为其学习障碍的读者
- 相对 AI 数学知识进行系统强化学习的读者
- 数学基础薄弱的 AI 开发人员
- 想通过 Python 学习 AI 数学的计算机专业学生

　　如果读者具备以下能力，将更容易理解与学习本书内容：

- 初高中程度的数学知识
- 基本的 Python 编程经验

本书样本的工作环境及样本程序

　　关于本书各章节的样本所需运行环境请参照（表 1），您的设备如达到该标准即可确保无问题运行。

表 1　运行环境

项　目	内　容
OS	macOS Mojave 10.14.5/Windows 10
CPU	macOS:2.9 GHz Intel Core i7、Windows:3.7 GHz Intel Core i7
内存	macOS:16 GB 2133 MHz LPDDR3、Windows:16GB
GPU	无
Python	3.7
NumPy	1.15.4
matplotlib	3.0.2

本书资源下载方式及服务

　　本书的配套资源可通过下面的方式下载：

　　❶ 扫描右侧的二维码，或在微信公众号中直接搜索"人人都是程序猿"，关注后输入 52shuxue 并发送到公众

号后台，即可获取资源的下载链接。

② 将链接复制到计算机浏览器的地址栏中，按 Enter 键即可下载资源。注意，在手机中不能下载，只能通过计算机浏览器下载。

③ 读者可加入 QQ 群：716561333，与其他读者交流学习。

④ 如果读者对本书有什么意见或建议，可以直接联系邮箱 2096558364@qq.com。

注意

有关配套资源的权利归作者及株式会社翔泳社所有。未经许可不得发布或转载到网络。

配套资源的提供可能会随时终止，恕不另行通知，请谅解。

免责事项

- 配套资源的内容，符合截至 2019 年 8 月的法律法规要求。
- 配套资源中记载的 URL 等可能会发生变更，恕不另行通知。
- 在提供配套资源时，我们致力于进行准确的描述，但作者和出版商均不对其内容提供任何保证，也不承担任何基于内容和样本的运行结果的责任。
- 配套资源中记载的公司名称、产品名称分别是各公司的商标和注册商标。

关于著作权等

本书配套资源的版权，由作者及株式会社翔泳社所有。除了个人使用以外，不得用于其他途径。未经许可不能通过网络进行转发。个人使用时，可以自由修改或挪用源代码。用于商业途径时，请与株式会社翔泳社联系。

株式会社翔泳社　编辑部

目　录

第 5 章 微分　　　　　　　　　　　　　　　　　145

第 6 章　概率和统计　　　　　　　　　　　　181

第 7 章　利用机器学习实践数学模型　　　　　　241

序　章　简　介

　　我认为人类和 AI，或者地球和 AI 共生的未来不会那么遥远。从商务、艺术、生命科学到宇宙探索，AI 开始灵活应用在各个领域，并开始融入我们的生活中。其背后的原因虽然有计算机计算速度的提高和 Internet 上数据体量的积累扩大，但很大程度上也归功于人们对算法的研究，全世界研究人员一如既往、孜孜不倦地深入拓展着算法的研究。

　　但是，对于许多人来说，AI 算法是一个很高的门槛。为了理解 AI 的算法，需要以线性代数、微分、概率和统计等数学知识为基础，使用编程语言编写源代码。

　　可喜的是，目前已经开发出了各种各样的 AI 框架，让我们可以在不了解此类复杂算法的情况下也能利用 AI。但是，如果想真正理解 AI，则需要通过数学和程序设计语言从基础上理解这些算法。

　　为了降低学习 AI 的障碍，本书将通过编程语言 Python 对学习 AI 必须具备的数学知识进行解说。一边动手实践一边学习课程，特别适合想学习 AI 但数学基础薄弱的人群。

　　下面先介绍本书的特征、AI 的概要、面向 AI 的数学知识概要，以及本书的使用方法等。

0.1 本书特点

本书是一本适用于所有人学习的人工智能（AI）数学教材，以线性代数、微分、概率·统计为基础，循序渐进地解说学习人工智能所需的数学知识，可以帮读者顺利地跨越人工智能所需的数学这道门槛。

本书最大的特征是可以一边写代码一边学习面向 AI 的数学——在动手编写 Python 代码的同时学习数学。这样，就可以通过体验来理解数学公式的含义。关于 Python，有专门的一章来介绍学习本书所必需的知识，因此即使没有编程经验，也可以毫无障碍地学习 AI 所需的数学。

本书的另一个特点是对初学者很友好。在具体介绍时随着知识的难易程度循序渐进地提高，使读者可以稳步地得到 AI 所需的数学知识和素养。

本书通过文档处理系统的 LaTeX 代码而不是纸张和铅笔来表述公式。这样，读者就可以轻松地编写可复制且美观的公式。关于 LaTeX 的使用方法，将分一节进行详细的说明。而 Python 代码则用于数学概念的验证。通过编写代码并验证结果，可以有效地掌握公式的含义。

本书使用的开发环境是 Anaconda 和 Jupyter Notebook，可以很方便地下载和安装。由于构建软硬件环境要求的门槛较低，没有编程经验的人也可以毫无问题地学习。

通过本书可以为以后正式学习 AI 做好准备。本书的目的旨在减少学习 AI 的障碍，使尽可能多的人能够从学习 AI 中受益。相信读完本书的人，将会激发学习欲望，更愿意继续深入学习 AI 和数学的知识。

0.2 从本书可以学到什么

学完本书，可掌握以下能力。

- 掌握学习 AI 必备的数学基础。

- 可以将数学公式实现到代码中。
- 可以理解线性代数中的公式并使用 Python 代码进行计算。
- 掌握微分的知识，可以理解公式的意思。
- 通过概率·统计，可以捕捉数据的发展趋势，也可以将世界作为概率来把握。

但是，阅读本书时请注意以下几点。

- 本书对 Python 语法的解释仅限于掌握本书知识所需的范围。
- 想要系统学习 Python 的人，请进一步参考其他（更专业）书籍。
- 本书中涉及的数学知识范围仅限于 AI 适用的领域。
- 本书的解说，比起严密性，更注重对 AI 的实用性。

0.3 读者对象

本书的适用对象包括但不限于以下人群。

- 想学习 AI 和机器学习但数学基础薄弱的朋友。
- 需要在工作中使用 AI 的朋友。
- 想重新学习数学的朋友。
- 文科或非工程师出身，对学习数学没有自信的朋友。

原则上，只要有初高中程度的数学知识学习本书就没问题。

0.4 什么是人工智能(AI)

本书的主要内容是面向人工智能的数学知识。那么人工智能到底是什么呢？人工智能（Artificial Intelligence，AI）顾名思义是人工创造出来的智能。

那么"智能"本身是什么呢？智能有各种各样的定义方式，可以认为是与环境的相互作用带来的适应、事物的抽象化、与他人的交流等各种各样的大脑所具有的智力能力。

"人工智能（AI）"就是将这样的"智能"离开生物，在计算机中再现。尽管人工智能的通用性远不如人类，但人工智能仍在计算机计算能力呈指数级增长的背景下持续发展。

人工智能在象棋、围棋和医学图像分析等几个领域已经开始超越人类。虽然要实现像人脑这样的高度通用的智能仍然很困难，但人工智能已经在某些领域取代了人类。毫无疑问，未来如何与人工智能共存将是人类发展的一大主题。

人工智能是 Artificial Intelligence（AI）的翻译，最早于 1956 年在达特茅斯会议上使用。人工智能的定义因人而异，但总的来说，我认为可以考虑以下几种。

- 具有自我思考能力的计算机程序。
- 利用计算机进行的知识信息处理系统。
- 能够重现生物智能或在生物智能基础上进一步发展的技术。

人工智能有"强人工智能"（strong AI）和"弱人工智能"（weak AI）之分。强人工智能也被称为"通用人工智能"（Artificial General Intelligence，AGI），是指能与人类比肩的人工智能。例如，哆啦A梦、铁臂阿童木等想象中的人工智能，是相当强大的人工智能。

弱人工智能也被称为"狭隘人工智能"（narrow AI）或"应用人工智能"（applied AI），是用来解决和推理某一特定性问题的人工智能。例如，近年来备受关注的图像识别、自动驾驶、游戏用人工智能等，都是弱人工智能。

目前世界上实现的只有弱人工智能，还没有实现强人工智能。然而，使用 AI 技术（如深度学习）的确可以在特定领域再现一部分人类智能。

机器学习（Machine Learning）是人工智能领域之一，是一种试图用计算机再现与人类学习能力相似的功能的技术。"机器学习"是各种科技公司近年来特别关注的，例如搜索引擎、垃圾邮件检测、市场预测、DNA 分析、语音和文字识别、医疗、机器人等领域。

机器学习有很多种方法，但根据不同应用领域的特点，机器学习的方法也必须适当地有所选择。说到机器学习的方法，到目前为止已经有很多方案并开发出许多模型。近年来，基于神经网络的深度学习在不同领域表现出色而备受关注。如上所述，随着人工智能技术的发展，毫无疑问这种人类创造的智能将对世界产生深远的影响。

0.5　面向人工智能中的数学

通过灵活应用数学，可以将人工智能所需的处理内容总结成简单而美丽的公式。相对于传统数学，人工智能所需的数学领域是特定的，所以本书只介绍针对人工智能这一特定领域的数学知识，如处理向量、矩阵、张量等的线性代数，处理常微分、偏微分、连锁律等的微分，以及处理标准偏差、正态分布、似然等的概率·统计。

现在，对各个领域进行简要的介绍。

首先是线性代数。线性代数是数学中处理具有多维结构的数字序列的一个分支。这些多维结构称为标量、向量、矩阵和张量。线性代数允许用一个简单的数学表达式来处理非常多的数值。此外，使用 Python 的外部软件包（如 NumPy），可以轻松地将线性代数表达式放入代码中。

其次是微分。所谓微分，简而言之，就是对函数局部变化率的一种线性描述。例如，用时间对移动物体的位置进行微分，就能得出该物体的速度。

在人工智能中，有必要对多变量函数和合成函数等稍微复杂的函数进行微分。虽然可能会觉得很难，但本书将一步一步详细地解说这些内容。

微分的学习和运用需要有抽象思维能力，通过"形象"来把握是很重要的，所以要在头脑中描绘出微分的"形象"。

另外，在人工智能中，概率·统计领域也很重要。 概率是把事物看作"容易发生的程度"。统计是用各种指标来捕捉数据，窥知事物的发展趋势和特征。

通过这些，可以看到数据的全貌，并从数据中预测未来。

概率·统计行为可将数学公式转化为程序代码，并在绘制图表时获得更充分的理解。

在本书中，尽可能将数学公式落实到代码中，可以说就是将人类用于标记数学的语言（即数学公式）转换为用于人类和计算机交流的语言（即编程语言），从而可以轻松地对数学公式的计算进行反复试验。数学公式的手动计算是很困难的，但是如果使用代码，就可以在一瞬间得到结果。通过在各种条件下进行基于公式的计算，可以有效地理解数学公式的含义。

本书中用于代码描述的编程语言是 Python。Python 是人工智能领域的主流语言，但门槛并不高，读者通过学习 Python 就可以用简单的代码实现各种公式演算。

Python 还可以使用一个名为 NumPy 的外部包，以简单的方式执行快速运算。然后，可以通过名为 Matplotlib 的外部软件包将结果可视化。

综上所述，学习代码对数学的理解非常有用。本书就让我们使用 Python，一起学习 AI 领域中的数学。

0.6 本书的使用方法

本书旨在使尽可能多的人学习 AI 中的数学知识，并在一步步动手实践编程的同时巩固学习成果。另外，与高度的抽象化相比，本书处理的编程代码更强调直观性和易懂性。本书还注意变量名和注释，尽可能地使代码简单易读。

虽然本书只要阅读就能进行学习，但如果可能，还是推荐读者一边运行 Python 代码一边阅读学习。本书中使用的代码可以从网站上下载，但更建议读者亲自输入并调试代码，在重复试错的过程中获得直观体验。实际上，通过将数学公式落实到代码中，在加深理解数学的同时，也会对数学学习产生更大的兴趣。

本书使用 Anaconda+Jupyter Notebook 作为开发环境，具体的安装方法将在第 1 章将进行详细说明。

本书中使用的 Python 代码可以作为 Jupyter Notebook 格式的文件下载。使用此文件，可以自己运行想要解释的代码，也可以进行练习。

还可以将数学公式以 LaTeX 格式写入此文件。这样完全不使用纸和铅笔就可以学习数学了。

为了让所有人都能很好地学习，本书对 AI 技术中必备的数学知识及 Python 实现进行了详细的解释，但也不排除可能会有一次说不明白而当时无法理解的比较难的概念。

这种时候，千万不要着急，要花时间一点一点地去理解。另外，随着章节递讲，内容也会逐渐变得更难，如果感到难以理解，建议根据需要回到上一章节进行复习。

不仅仅是专业人士，对每个人来说，学习 AI 都是一件很有意义的事情。带着好奇心和探究心，用愉快的心情去反复试验和总结错误，在反复试错的基础上掌握数学的思考方法吧。

第 **1** 章　准备学习吧

　　作为正式学习前的准备，本章主要介绍开发环境的构建及其使用方法。首先安装 Anaconda 作为开发环境，并在 Jupyter Notebook 上运行 Python 代码，然后将介绍如何下载"样本"和如何运用这些"样本"来学习。

1.1 安装Anaconda

本节介绍如何安装 Anaconda。通过引入 Anaconda，使用 Python 进行机器学习的门槛将大大降低。

Anaconda 是 Python 发行版，内置了各种用于数值计算和机器学习的外部软件包。通过使用 Anaconda，可以轻松地创建和调整 Python 编码的环境。

1.1.1 下载 Anaconda

Anaconda 可用于 Windows、macOS 和 Linux 操作系统。下面的 Anaconda 网站提供了一个链接，该链接指向可下载安装程序的页面。单击安装程序的 "Download" 按钮。安装程序将根据操作系统类型和 64 位／32 位之间的差异自动确定你的环境。当然，为了以防万一，仍然建议你再次确认目前的软件环境是否合适。

- Anaconda 的主页
  URL https://www.anaconda.com/

在本页面 Python 3.X 栏目下单击 Download 按钮。图 1.1 是用于下载 Anaconda 安装程序的页面，请单击左侧的按钮。

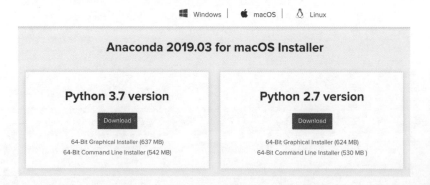

图 1.1 下载 Anaconda

注意要结合自己的系统下载：在 Windows 上下载 exe 文件，在 macOS 上下载 pkg 文件，在 Linux 上下载 Shell 脚本。

1 1 2 安装 Anaconda

如果使用的是 Windows 或 macOS 系统，双击下载的安装程序文件，然后按照安装程序的说明进行安装。可以将所有设置保留为默认设置（即省略该过程）。如果是 Linux 系统，请启动终端，切换到相应的目录，然后执行 Shell 脚本。以下是 64 位 Ubuntu 的安装过程。

● [终端]

```
$ bash ./Anaconda3-（日期）-Linux-x86_64.sh
```

以上命令将启动交互式安装程序，请按照说明进行安装。安装后，请确保导出以下路径，以防万一（路径备份）。

● [终端]

```
$ export PATH=/home/ 用户名 /anaconda3/bin:$PATH
```

以上，安装就完成了。同时安装 Python 相关文件，以及名为 Anaconda Navigator 的桌面应用程序。

1 1 3 启动 Anaconda Navigator

现在，启动 Anaconda Navigator。对于 Windows，从"开始"菜单中选择 Anaconda3 → Anaconda Navigator 命令。对于 macOS，从 Application 文件夹启动 Anaconda- Navigator.app。对于 Linux，则可以使用以下命令从终端启动 Anaconda Navigator。

● [终端]

```
$ anaconda-navigator
```

启动之后，Anaconda Navigator 首界面如图 1.2 所示。

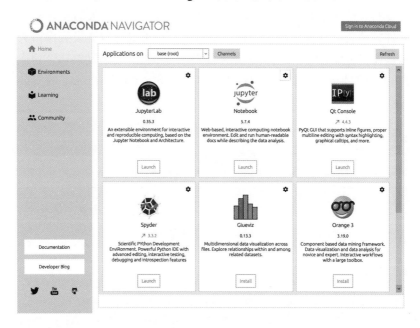

图 1.2　Anaconda Navigator 界面

Jupyter Notebook 可以在此界面中启动。

1 1 4 安装 NumPy 和 matplotlib

为了执行本书中描述的代码，需要安装名为 NumPy 和 matplotlib 的软件包。首先，检查是否安装了这些软件包。Anaconda 可能已经默认安装了这些软件包。

在 Anaconda Navigator 的首界面中单击 Environments，如图 1.3 所示。

图 1.3　Environments 界面

在屏幕的中央顶部有一个下拉菜单，在这里选择 Not installed（参照图 1.4 中①）注意不要选择 Installed。然后在右侧的搜索框中输入 numpy 进行搜索（参照图 1.4 中②）。如果没有安装 NumPy，则搜索结果将显示 numpy（参照图 1.4 中③）。

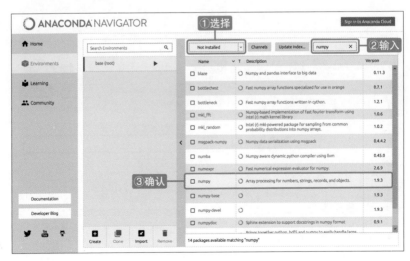

图 1.4　NumPy 未安装时的界面显示

如果已成功安装 NumPy，则搜索结果不会显示 numpy。

如果搜索结果显示 numpy，即表示未安装 NumPy，请按如图 1.5 的①所示选中 numpy 左边的复选框，然后单击右下角的 Apply 按钮②。新窗口将显示出来，一旦这个窗口中的 Apply 按钮状态可以单击，即可单击该按钮安装 NumPy。

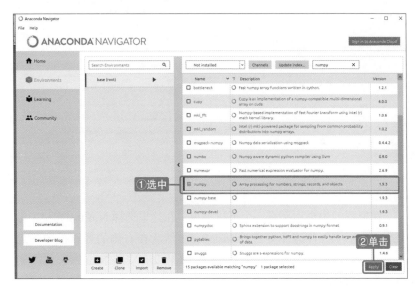

图 1.5　NumPy 未安装时的界面

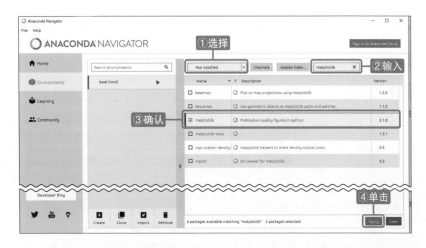

图 1.6　matplotlib 未安装时的界面

对于 matplotlib，同样输入 matplotlib 进行搜索（参照图 1.6 中①、②），如果 matplotlib 出现在搜索结果中，则可参照之前操作进行安装（参照图 1.6 中③、④）。

1.2　Jupyter Notebook 的使用方法

Anaconda 中，包含一个可在名为 Jupyter Notebook 的浏览器上运行的 Python 执行环境。Jupyter Notebook 可将 Python 的代码及其执行结果用语句和数学表达式保存到一个笔记本文件中。另外，执行结果支持以图形形式展示。

本书中说明的 Python 样本代码就是以 Jupyter Notebook 的格式保存的。

1 2 1　启动 Jupyter Notebook

现在启动 Jupyter Notebook。在 Anaconda Navigator 的顶部屏幕上，有一个 Jupyter Notebook 的 Launch 按钮，如图 1.7 所示。如果按钮为 Install，则表明尚未安装 Jupyter Notebook，请单击此按钮进行安装。

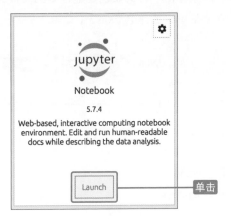

图 1.7　Jupyter Notebook 启动界面

单击 Launch 按钮将自动启动 Web 浏览器（图 1.8）。

图 1.8　Jupyter Notebook 的控制面板

　　此屏幕称为"控制面板"。可以在此屏幕上移动和创建文件夹以及创建笔记本文件。启动时，将显示环境中主文件目录的内容。

1️⃣2️⃣2️⃣ 尝试运行 Jupyter Notebook

　　由于 Jupyter Notebook 在浏览器上运行，因此操作方法不取决于环境。现在，运行一个简单的 Python 程序来熟悉 Jupyter Notebook。

　　首先创建一个笔记本。转到要创建笔记本的文件夹，然后从控制面板右上方的 New 菜单中选择 Python 3（图 1.9 中①、②）

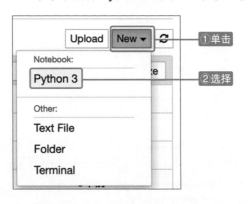

图 1.9　创建一个新的笔记本文件

这将创建一个新的笔记本，并将其显示在浏览器的新选项卡上
（图 1.10）。此笔记本是一个扩展名为 ".ipynb" 的文件。

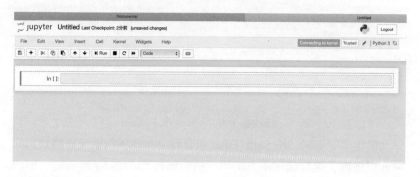

图 1.10　新的笔记本文件

菜单、工具栏等位于笔记本文件屏幕的顶部，可以对笔记本文件
执行各种操作。创建笔记本文件后，会发现笔记本文件被默认命名为
Untitled，可以通过单击该名称或从菜单中选择 File → Rename 来重
命名该文件。我们可以将其更改为喜欢的名称，如 my_notebook。

Python 代码位于笔记本文件中称为单元格的位置。单元格是屏幕
上显示的空白矩形。

我们尝试在单元格中编写以下 Python 代码。

In
```
print("Hello World")
```

编写代码后，按 Shift+Enter 组合键（如果 macOS 系统则是 Shift+
Return）。单元格下面会显示如下结果（图 1.11）。

Out
```
Hello World
```

图 1.11　在单元格中写入 Python 代码

可以在 Jupyter Notebook 上执行第一个 Python 代码。请注意，当单元格位于底部时，按 Shift+Enter 组合键会自动将新单元格添加到原单元格下面，然后选定下方的单元格。而按 Ctrl+Enter 组合键，即使单元格位于底部，也不会向下添加新的单元格。但在这种情况下，同一单元格仍处于选定状态。

我们还可以使用一个名为 matplotlib 的模块在单元格下显示图表，这将在后面的章节中解释。

1️⃣2️⃣3️⃣ 在代码和标记之间切换

单元格类型包括代码和标记。默认情况下，单元格类型为 Code，但如果单元格类型不是 Code，则可以使用菜单中的 Cell → Cell Type → Code 将单元格模式更改为 Code。

在 Code 单元格中，可以编写和执行 Python 代码，如上例所示。也可以通过菜单中的 Cell → Cell Type → Markdown 将单元格类型更改为 Markdown。在 Markdown 单元格中，可以用 Markdown 格式编写句子，也可以用 LaTeX 格式编写公式。虽然无法在此类型的单元格中执行 Python 代码，但将在此处看到外观良好的句子和公式（图 1.12）。

```
In [ ]: print("'Code'类型的单元格。")
```

Markdown类型的单元格。

图 1.12　Code 类型的单元格（上）和 Markdown 类型的单元格（下）

请注意，Markdown 格式基本上允许以常规方式编写文本，在换行时必须使用两个半角空格。Markdown 格式有标题、分条等各种各样的标记方法，读者想要详细了解这方面内容可以自己查阅相关资料。关于 LaTeX 格式，将在第 3 章详细说明。

1 2 4 保存和退出笔记本文件

笔记本文件通常被设置为自动保存，但也可以通过菜单中的 File → Save and Checkpoint 手动保存。当关闭显示笔记本文件的浏览器选项卡时，笔记本文件不会退出。如果要退出笔记本文件，请从菜单中选择 File → Close and Halt，这时才能关闭笔记本文件并自动关闭选项卡。

如果在未完成上述步骤的情况下关闭了选项卡，可以在 Running 选项卡（图 1.13 ①）单击 Shutdown 关闭笔记本文件（图 1.13 ②）。

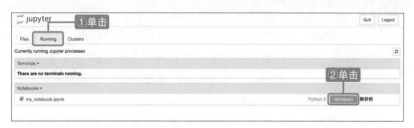

图 1.13　控制面板上的 running 选项卡

想要再次打开已完成的笔记本文件时，在控制面板上单击该笔记本文件即可。

1.3　如何下载样本和学习本书

现在开始介绍如何下载本书中所需使用的样本，以及如何学习本书。

1 3 1 样本的下载方法

前面曾提到过，本书中使用的样本可以通过以下方法下载。

- 扫描右侧的二维码或在微信公众号中搜索"人人都是程序猿"，关注后输入 52shuxue 并发送到公众号后台，即可获取本书资源的下载链接。
- 将该链接复制到计算机浏览器的地址栏中，按 Enter 键进入网盘资源界面（一定要将链接复制到计算机浏览器的地址栏，通过计算机下载，手机不能下载，也不能在线解压，没有解压密码）。

下载并解压缩文件，查看内容。可以查看每个章节的文件夹样本。

样本是前面讲解过的 Jupyter Notebook 的笔记本文件格式，可从 Jupyter Notebook 的控制面板中打开和使用。

1.3.2 如何学习本书

本书中的每一节都是讲座形式。大多数课程章节都由"讲解"和"练习"构成。基本上每一节都有一个 Jupyter Notebook 笔记本文件，可以在其中完成学习和练习。可以随意在笔记本文件中添加笔记和公式，也可以自由地尝试编写和运行自己的代码。

这些"讲解"和"练习"构成了本书，但是讲解的难度会随着篇章的推进而慢慢上升。如果有觉得困难的章节，建议读者先回到以前的章节复习一下，这样有助于理解新章节的知识。另外，如果认为目前的知识储备已经能够充分理解某章节，则可以直接跳过而进行其他章节的学习。

本书将公式作为代码执行，因此可以轻松地进行反复试错和总结。请保持好奇心和探究心，以实践为基础，掌握数学的原理。

本书为了让任何人都能进行学习，所以特别注意采用细致地、循序渐进的方法进行解说，但可能仍有仅凭书面讲解无法理解和消化的内容。这种时候，千万不要着急，不要吝惜时间一点点地试着去弄懂。AI 数学并不是很难，只要肯花时间学习，同时手也要勤快多实践，一定能够掌握 AI 学习所需的数学知识。

下面就让我们从 Python 和数学的基础开始学习吧。

第2章 Python、NumPy和 matplotlib基础

本书将利用编程语言 Python 来学习面向 AI 的数学知识。作为准备，本章将从基础开始介绍 Python。本章内容包括基本的 Python 语法、数值计算库 NumPy 和图形显示库 matplotlib。

本章内容涵盖了 Python 语法以及 NumPy 和 matplotlib 的功能，因此建议读者在学习过下一章之后，可根据需要再重新温习所需的部分。

2.1 Python的基础

本节讲解在学习本书内容过程中所需的 Python 语法。Python 是一种易于使用、与人工智能和数学兼容的编程语言。

如果已经学习过 Python，可以跳过本节。

2.1.1 什么是 Python

Python 是一种简单、可读性高，且相对易于使用的编程语言。由于它开源，所以任何人都可以免费下载，因此在世界范围内得到了广泛的使用。与其他语言相比，Python 在数值计算和数据分析方面更具有优势，而且即使不是专业的程序员也可以轻松地用它编写代码，因此现在它已成为人工智能开发的标准。

因为 Python 语法简单，所以即使对于第一次面对编程的人，它仍然是一种理想的选择。另一方面，Python 是面向对象的语言，可以编写高度抽象的代码。不过，本书基本上不使用面向对象的编程，只会使用 Python 的基本语法来学习数学。所以如果想学习更高级的概念，如面向对象，还请参考其他书籍。

2.1.2 变量

在 Python 中，可以将各种值（如整数、小数或字符串）赋予（代入）变量。要为变量赋值，请如语法 2.1 所示，使用 "=" 赋值。

语法 2.1

```
变量 = 值
```

ATTENTION

关于 "="

在 Python 中，"="的作用和在数学中 "="的作用相似但不同。在 Python 中 = 的意思是将等号右边的值赋值给等号左边的变量。在数学中 = 表示等号左边和右边相等。

ATTENTION

关于 "值"

在编程语言中，"值"这个词并不仅仅指数值，文字或字符串等非数值的量在作为变量代入时也可以被称为"值"。

例如，在给变量 abcd 赋一个整数值 1234 时（即将一个整数值 1234 代入变量 abcd），可以写为如下形式。

```
abcd = 1234
```

以下是几个使用 "=" 将数值代入变量的示例。变量名称也可以使用数字或下划线。如示例 2.1 中，分别将整数、小数和字符串代入变量。字符串是将文字用 "" 括起来的内容。在 Python 中进行文字的书写时，多作为字符串代入变量。

示例 2.1　　各种各样的变量

In

```
a = 123 # 给变量a赋值代入一个整数123
b_123 = 123.456 # 给变量b_123赋值代入一个小数123.456
hello_world = "Hello World!" ⇨
# 给变量hello_world赋值代入字符串"Hello World!"
```

后面写的文字作为注释使用，因为它们是不能被程序识别的，所以想在代码中添加注释的时候请自由使用 # 符号。

! ATTENTION

变量名

在变量名称中，必须将大小写字母作为不同字符处理。例如，abcd 和 ABCD 会被 Python 识别为不同的变量。

---

② ① ③ 值的显示和变量的保留

可以使用 print() 显示变量中存储的值。示例 2.2 中的代码将 123 存储在变量 a 中，并使用 print() 显示该值。

示例 2.2 显示值的示例

In
```
a = 123
print(a)
```

Out
```
123
```

存储在变量 a 中的值将显示在单元格下方。

另外如示例 2.3 所示，还可以使用 ","（逗号）来分隔并统一表示多个值。

示例 2.3 集中显示值的示例

In
```
print(123, 123.456, "Hello World!")
```

Out
```
123 123.456 Hello World!
```

请注意，在执行单元格时，该单元格中的变量将被其他的单元格共享。在示例 2.4 的单元格中，变量 b 被赋值，当运行此单元格时，同样也可以在其他单元格中使用变量 b。

示例 2.4　变量的代入

In
```
b = 456
```

在另一个单元格中，显示存储在变量 b 中的值（示例 2.5）。

示例 2.5　显示变量中存储的值

In
```
print(b)
```

Out
```
456
```

值已经显示了出来。 如上所述，已执行的单元格变量在笔记本中可以被共享。

2.1.4 运算符

在 Python 中，可以使用运算符执行各种操作。

示例 2.6 的单元格使用了 +（加法）、–（减法）、*（乘法）和 **（幂）运算符。Python 将运算符的运算结果存储在变量中，并通过 **print()** 语句显示每个值。

示例 2.6　各种 Python 运算符

In
```
a = 3
b = 4


c = a + b  # 加法
print("加法:", c)


d = a - b  # 减法
print("减法:", d)
```

```
e = a * b  # 乘法
print("乘法:", e)

f = a ** b  # 幂（a的b次方）
print("幂:", f)
```

Out

```
加法: 7
减法: -1
乘法: 12
幂: 81
```

　　除法方面，有小数除法和整数除法（示例2.7）。"/"运算符将结果转换为小数，"//"运算符将结果转换为整数。还可以使用%运算符计算除以整数后的余数。

示例 2.7　除法运算符

In

```
g = a / b # 结果为小数
print("除法（小数）:", g)

h = a // b  # 结果为整数
print("除法（整数）:", h)

i = a % b  # 余数
print("余数:", i)
```

Out

```
除法（小数）: 0.75
除法（整数）: 0
余数: 3
```

　　也可以使用"+""="等运算符对变量中存储的值进行计算（示例2.8）。

示例 2.8　　对变量本身执行计算

In

```
j = 5
j += 3 # 加上3 。与j = j + 3 相同
print("加上3 :", j)

k = 5
k -= 3 # 减去3 。与 k = k - 3 相同
print("减去3 :", k)
```

Out

```
加上3 : 8
减去3 : 2
```

Python 还有许多其他运算符，如果感兴趣，请自行学习。

2 1 5 大数字和小数字的表示方法

较大的数字和较小的数字（位数较多时）可以用 e 来表示。如果看到 e 左边有小数，右边有整数的这种表示方法，则代表用 e 左边的小数乘以 e 右边的 10 的整数次幂（如 $1.2e5=1.2 \times 10^5$）。如果 e 的右边是负数，则表示用 e 左边的数值除以 e 右边的 10 的负数的绝对值次幂（如 $1.2e{-}4=1.2 \times 10^{-4}=1.2 \div 10^4$）（示例 2.9）。

示例 2.9　　大数字、小数字的表示方法

In

```
a = 1.2e5  # 120000
print(a)

b = 1.2e-4  # 0.00012
print(b)
```

Out

```
120000.0
0.00012
```

2 1 6 列表

列表允许将多个值合并为一个变量。列表用 [] 包围整个值（元素），并用 "," 对它们进行分隔（示例2.10）。

示例2.10　　合并列表中的多个值

```
In
a = [1, 2, 3, 4]
print(a)
```

```
Out
[1, 2, 3, 4]
```

可以通过在列表名称后面加上"索引"来检索列表中的元素。索引从元素的开头起以 0、1、2、3、…的顺序依次排序（示例2.11）。

示例2.11　　按索引检索列表中的元素

```
In
b = [4, 5, 6, 7]
print(b[2]) # 以0开头并按照0、1、2、3、...的顺序添加索
# 引后检索索引为2的元素
```

```
Out
6
```

可以使用 append() 将元素添加到列表中。被添加的元素位于列表的末尾（示例2.12）。

示例2.12　　为列表添加元素

```
In
c = [1, 2, 3, 4, 5]
c.append(6) # 将6添加进列表
print(c)
```

Out

```
[1, 2, 3, 4, 5, 6]
```

还可以将列表放入另一个列表中来创建双重列表（示例 2.13）。

示例 2.13　　在列表中加入列表

In

```
d = [[1, 2, 3], [4, 5, 6]]
print(d)
```

Out

```
[[1, 2, 3], [4, 5, 6]]
```

还可以用 * 运算符将列表与整数相乘，以创建一个所有元素都以复数的条目进行排列的新列表（示例 2.14）。

示例 2.14　　建立一个新的列表，其中所有元素均以复数条目排列

In

```
e = [1, 2]
print(e * 3) # 新列表中将原列表的元素进行了3次重复排列
```

Out

```
[1, 2, 1, 2, 1, 2]
```

利用列表，可以有效地处理人工智能所需的数据。实际上，如后面 2.2 节所述的一样，在使用之前，列表中的数据通常会先被转换为 NumPy 数组格式。

②①⑦ 元组

与列表一样，元组用于处理多个值，但不能添加、删除或替换元素。元组用 () 包围整个值（元素），并用 "," 来分隔每个元素。如果不需要更改元素，那么使用元组比使用列表更方便（示例 2.15）。

示例 2.15　　访问元组元素

```
In
a = (1, 2, 3, 4, 5) # 创建元组
b = a[2] # 获取索引为2的元素
print(b)
```

```
Out
3
```

只有一个元素的元组，在元素之后需要添加","进行标记（示例 2.16）。

示例 2.16　　只有一个元素的元组

```
In
c = (3,)
print(c)
```

```
Out
(3,)
```

另外，列表和元组的元素可以通过示例 2.17 中的方式一起被分配给变量。

示例 2.17　　将列表或元组的元素统一代入变量

```
In
d = [1, 2, 3]
d_1, d_2, d_3 = d
print(d_1, d_2, d_3)

e = (4, 5, 6)
e_1, e_2, e_3 = e
print(e_1, e_2, e_3)
```

```
Out
1 2 3
4 5 6
```

元组通常用于函数与数据的交换，这些内容将在 2.1.10 节中学习。

2 1 8 if 语句

if 语句用于条件分支。if 语句的格式可以参照语法 2.2。

语法 2.2

```
if  条件表达式：
    语句块 1
else：
    语句块 2
```

在这种情况下，如果满足条件表达式，则执行语句块 1，否则执行语句块 2。在示例 2.18 中的代码中，如果满足 if 后面的条件（a 大于 3），则处理后面的语句块。语句块由行首处的缩进表示。在 Python 中，缩进通常由四个半角空格表示。如果不满足 if 之后的条件（a 不大于 3），则处理 else 之后的语句块，参照示例 2.18。

示例 2.18　if 语句的条件分支

In
```
a = 5

if a > 3:  # 如果a比3大
    print(a + 2)  # 在开头插入缩进
else:  # 不满足 a > 3
    print(a - 2)
```

Out
```
7
```

如果 a 大于 3，则显示 a 加上 2 的值；如果 a 不大于 3，则显示 a 减去 2 的值。由于 a 的值为 5 且大于 3，因此在执行上面的代码时，将显示 5 加 2 的值也就是 7。在示例 2.18 中，> 运算符用于比较。除

了上述的 >（大于）运算符之外，还有 <（小于）、> =（大于等于）、< =（小于等于）、= =（等于）、!=（不等于）几种运算符。示例 2.19 中使用 "=="作为比较运算符来比较值是否相等。

In

```
b = 7
if b == 7:  # 如果b与7相等
    print(b + 2)
else:  # 如果不满足b==7
    print(b - 2)
```

Out

```
9
```

如上所述，通过使用 if 语句，可以根据条件进行不同的处理。

② ① ⑨ for 语句

for 语句允许重复执行操作。将 for 语句与列表一起使用时，其基本形式如语法 2.3。

语法 2.3

```
for 变量 in 列表:
    语句块
```

在这种情况下，只进行与列表中元素数相同次数的处理，但可以使用列表中的元素。

示例 2.20 是一个使用 for 语句和列表的循环示例。重复过程的书写方式与 if 语句的书写方式相同，在行首加入缩进。在此段代码中，列表中的元素数为 3，因此语句块中的处理次数为 3 次。在这种情况下，列表中的每个元素都按顺序出现在变量 a 中。

示例 2.20　　使用了 for 语句和列表的循环

In
```
for a in [4, 7, 10]:  # 将列表中的每个元素都代入变量a中
    print(a + 1)  # 添加缩进以执行循环中的操作
```

Out
```
5
8
11
```

　　每次执行代码块中的操作时，都可以看到列表中的元素从前面开始按顺序出现在变量 a 中。

　　接下来将解释使用 range() 表示的循环。将 for 语句与 range() 一起使用时，其格式请参考语法 2.4。

语法 2.4

```
for 变量 in range(整数):
    语句块
```

　　在这种情况下，将按整数的数量进行重复处理，但变量必须是从整数 0 到 "整数数值 –1" 之间的整数。示例 2.21 是一个使用 for 语句和 range() 的循环示例，变量 a 包含 0 ~ 4 之间的整数。

示例 2.21　　使用 range() 的循环

In
```
for a in range(5):  # a包含0到4
    print(a)
```

Out
```
0
1
2
3
4
```

可以看到 a 包含 0 ~ 4 之间的整数。

通过使用如上的 for 语句，可以通过编写较短的代码进行非常多的人工智能所需的处理。

2·1·10 函数

下面使用函数将多行处理合并到一个组中。 函数的基本格式如语法 2.5 所示。

语法 2.5

```
def 函数名(参数):
    语句块
    return 返回值
```

在这种情况下，参数是函数的输入值，返回值是函数的输出值。函数中也可以不存在参数和返回值。

示例 2.22 是一个函数示例。定义一个名为 my_func_1 的函数，然后调用该函数。其结果由函数内部处理得出。

此函数没有参数或返回值。

示例 2.22 定义和调用函数

In
```
def my_func_1():  # my_func_1是函数名
    a = 2
    b = 3
    print(a + b)


my_func_1()  # 调用函数
```

Out
```
5
```

函数内部执行了处理，并显示结果为 5，即 2 和 3 相加后的和。

同时函数可以从函数外部接收被称为参数的值。

参数设置在函数名后面的 () 中，可以用 "," 分隔。在示例 2.23 中，函数拥有 p 和 q 两个参数，在调用函数时每个参数的值会被传递给函数。

示例 2.23	带有参数的函数

In
```
def my_func_2(p, q):  # p、q为参数
    print(p + q)


my_func_2(3, 4)  # 调用函数时传递值
```

Out
```
7
```

可以看到作为参数接收到的两个值被加在了一起。函数就是这样从外部接收值的。函数还可以向外部传递一个被称为返回值的值。

在函数的末尾写上 return，而返回值直接写在它的后面。在示例 2.24 中，为函数设置了返回值，代码调用函数以接收返回值并显示了该值。

示例 2.24	带参数和返回值的函数

In
```
def my_func_3(p, q):  # p、q为参数
    r = p + q
    return r  # r为返回值


k = my_func_3(3, 4)   # 将接收到的值作为返回值放入k中
print(k)
```

Out
```
7
```

如果要返回多个值，应该使用元组。此时在 return 后面，要写上包含要返回的值的元组，参照示例 2.25。

示例 2.25　　将返回值设置为元组

In

```
def my_func_3(p, q):  # p、q为参数
    r = p + q
    s = p - q
    return (r, s)  # 将返回值设置为元组

k, l = my_func_3(5, 2)  # 将元组的各要素代入k、l
print(k, l)
```

Out

```
7 3
```

一旦定义了函数，就可以多次调用该函数。将需要多次执行的操作归类为函数会非常方便。

2 1 11 作用域

变量中拥有作用域的概念。作用域即变量可以访问的范围。函数中的变量是局部变量，函数外部的变量是全局变量。局部变量的作用域在同一个函数内，而全局变量的作用域在函数内和函数外。

示例 2.26 中的单元格包含函数外部的全局变量和函数内部的局部变量。可以在函数内访问这两个变量，但如果尝试在函数外访问局部变量，则会出现错误。

示例 2.26　　局部变量和全局变量

In

```
a = 123  # 全局变量

def show_number():
    b = 456  # 局部变量
    print(a, b)  # 两者均可访问

show_number()
```

```
123 456
```

如上所述，变量的作用域取决于书写变量的位置。

Python 为全局变量提供了一些更复杂的规则。如果尝试为函数中的全局变量赋值，则 Python 会将其视为另一个局部变量。

在示例 2.27 中，变量 a 的名称虽然与函数中的全局变量 a 的名称相同，但此时在函数中，变量 a 是另一个局部变量。

示例 2.27　　与全局变量同名的局部变量

In
```
a = 123   # 全局变量

def set_local():
    a = 456   # a与上述变量不同，是另一个局部变量
    print("Local:", a)

set_local()
print("Global:", a)   # 全局变量的值不变
```

Out
```
Local: 456
Global: 123
```

在示例 2.28 中，全局变量的值在函数中保持不变，同名的变量被视为不同的局部变量。同样的规则也适用于用作函数参数的变量。在示例 2.28 中，参数的变量名 a 与全局变量的名称相同，但在该函数中，a 是另一个局部变量。

示例 2.28　　作为参数的变量的作用域

In
```
a = 123   # 全局变量

def show_arg(a):   # a与上述变量不同，是另一个局部变量
```

```
    print("Local:", a)

show_arg(456)
print("Global:", a)  # 全局变量的值不变
```

Out
```
Local: 456
Global: 123
```

那么如果想更改函数中全局变量的值，该怎么办呢？

要在函数中更改全局变量的值，必须使用 global 或 nonlocal 在函数中指定变量不是局部的。示例 2.29 中使用 global 对变量进行了声明，以便访问函数中的全局变量。

示例 2.29　在函数中更改全局变量的值

In
```
a = 123   # 全局变量

def set_global():
    global a  # 也可以使用 nonlocal
    a = 456   # 更改全局变量的值
    print("Global:", a)

set_global()
print("Global:", a)
```

Out
```
Global: 456
Global: 456
```

可以看到，在函数中全局变量的值已被更改。

如上所述，在处理函数中的变量时，必须始终留意作用域。

2 1 12 练习

问题

在 Jupyter Notebook 的单元格中至少编写一个列表、一个元组、一个 if 语句、一个 for 语句和一个函数示例。

解答示例

示例 2.30　　解答示例

In

```python
# ---列表示例---
print("--- 结果：列表 ---")
my_list = [1, 2, 3, 4, 5]
print(my_list[2])

print()  # 空行

# ---元组示例---
print("--- 结果：元组 ---")
my_tuple = (1, 2, 3, 4, 5)
print(my_tuple[3])

print()  # 空行

# --- if语句示例 ---
print("--- 结果：if语句 ---")
a = 5
b = 2
if a == 5:
    print(a + b)

print()
```

```
# --- for语句示例 ---
print("--- 结果：for语句 ---")
for m in my_list:
    print(m + 1)


print()


# --- 函数示例 ---
print("--- 结果：函数 ---")
def add(p, q):
    return p + q
print(add(a, b))
```

Out

```
--- 结果：列表 ---
3

--- 结果：元组 ---
4

--- 结果：if语句 ---
7

--- 结果：for语句 ---
2
3
4
5
6

--- 结果：函数 ---
7
```

2.2　NumPy 的基础

NumPy 可以使用简单的语句来实现高效的数据操作。接下来的一节将学习继续阅读本书时所需要具备的 NumPy 知识。

2.2.1　什么是 NumPy

NumPy 是 Python 的扩展模块。它拥有大型数学函数库，运算功能丰富。在实现人工智能时，它可以频繁地处理向量和矩阵，是非常有用的工具。

NumPy 最初即被包含在 Anaconda 中，因此只需将其导入即可使用。本节对 NumPy 的解说仅仅是学习本书内容所必需的最低限度的知识。有关 NumPy 的更详细信息，还请大家参阅其他相关书籍。

2.2.2　NumPy 的导入

模块是一种可用的外部 Python 文件。在 Python 中，可以通过编写 import 语句来部署模块。由于 NumPy 也是一个模块，因此要使用 NumPy，请像示例 2.31 一样，在代码的开头添加如下代码。

示例 2.31　　NumPy 的导入

```
In    import numpy
```

也可以使用 as 语句为模块指定不同的名称，如示例 2.32。

示例 2.32　　为模块指定其他名称

```
In    import numpy as np
```

添加如示例 2.32 一样的语句之后，就可以使用 np 来调用 NumPy 模块。

人工智能的计算中经常会使用矩阵和向量，可以使用 NumPy 的数组来表示这些内容。本书还会在后面的一节中再次对向量和矩阵进行解说，这一节中首先需要理解的是 "NumPy 的数组是数值排列" 这个概念。在接下来的内容中，出现 "数组" 这个名词时，均代指 NumPy 数组。

可以在 Python 列表中通过使用 NumPy 的 array() 函数轻松创建 NumPy 数组，如示例 2.33 所示。

示例 2.33　　从 Python 列表中创建 NumPy 数组

In
```
import numpy as np

a = np.array([0, 1, 2, 3, 4, 5])  ⇨
# 从Python列表中创建NumPy数组
print(a)
```

Out
```
[0 1 2 3 4 5]
```

也可以创建一个数组间相互重叠的二维数组。二维数组由元素为列表的列表（双重列表）组成，如示例 2.34 所示。

示例 2.34　　从双重列表中创建二维的 NumPy 数组

In
```
import numpy as np

b = np.array([[0, 1, 2], [3, 4, 5]])  ⇨
# 从双重列表中创建二维的NumPy数组
print(b)
```

Out
```
[[0 1 2]
 [3 4 5]]
```

同样，也可以创建三维数组。三维数组是二维数组的进一步重叠，由三重列表组成，如示例 2.35 所示。

示例 2.35　　从三重列表中创建三维的 NumPy 数组

In
```
import numpy as np

c = np.array([[[0, 1, 2], [3, 4, 5]], [[5, 4, 3], ⇨
[2, 1, 0]]])  # 从三重列表中创建三维的NumPy 数组
print(c)
```

Out
```
[[[0 1 2]
  [3 4 5]]

 [[5 4 3]
  [2 1 0]]]
```

当然，同样还可以创建更高维数组。

还可以使用其他函数生成 NumPy 数组。zeros() 函数可以生成所有元素为 0 的数组，ones() 函数可以生成所有元素为 1 的数组，arange() 函数可以生成从零开始按顺序排列的整数数组，如示例 2.36 所示。

示例 2.36　　生成数组的各种函数

In
```
import numpy as np

d = np.zeros(8)    # 包含8个0的数组
print(d)

e = np.ones(8)     # 包含8个1的数组
print(e)

f = np.arange(8)  # 包含0到7的数组
print(f)
```

Out

```
[0. 0. 0. 0. 0. 0. 0. 0.]
[1. 1. 1. 1. 1. 1. 1. 1.]
[0 1 2 3 4 5 6 7]
```

②②④ 数组的形状

可以使用 shape() 函数检查数组的形状。此函数返回一个表示形状的元组（示例 2.37）。

示例 2.37　用 shape() 函数获取数组的形状

In

```
import numpy as np

a = np.array([[0, 1, 2],
              [3, 4, 5]])  # 2×3 的二维数组
print(np.shape(a))  # 表示a的形状
```

Out

```
(2, 3)
```

结果是一个显示了行数、列数的元组。

如果只想获得最外面的元素数，即上例中的行数，那么使用 len() 函数则更为简单，如示例 2.38 所示。

示例 2.38　利用 len() 函数获得最外侧的元素数

In

```
print(len(a))  # 获得a的行数
```

Out

```
2
```

②②⑤ 数组运算

示例 2.39 中在数组和数字之间执行了运算。在这种情况下，运算将在数组的每个元素和数值之间执行。

示例 2.39　　数组和数值的运算

In
```
import numpy as np

a = np.array([[0, 1, 2],
              [3, 4, 5]])  # 二维数组

print(a)
print()
print(a + 3)  # 各元素加3
print()
print(a * 3)  # 各元素乘3
```

Out
```
[[0 1 2]
 [3 4 5]]

[[3 4 5]
 [6 7 8]]

[[ 0  3  6]
 [ 9 12 15]]
```

示例 2.40 是数组之间进行运算的示例。在这种情况下，将在位置相同的元素之间执行运算。

示例 2.40　　数组间的运算

In
```
b = np.array([[0, 1, 2],
              [3, 4, 5]])  # 二维数组

c = np.array([[2, 0, 1],
              [5, 3, 4]])  # 二维数组
```

```
print(b)
print()
print(c)
print()
print(b + c)
print()
print(b * c)
```

Out

```
[[0 1 2]
 [3 4 5]]

[[2 0 1]
 [5 3 4]]

[[2 1 3]
 [8 7 9]]

[[ 0  0  2]
 [15 12 20]]
```

2.2.6 访问元素

　　与列表相同，对数组中每个元素的访问也需要使用索引。一维数组的情况下，可以通过在 [] 中指定索引来检索元素，方法如示例 2.41 所示。

示例 2.41　　通过指定索引，访问数组中的元素

In

```
import numpy as np

a = np.array([1, 2, 3, 4, 5])
print(a[3])  # 指定索引
```

Out

```
4
```

示例 2.41 所展示的是，依次从 0、1、2、⋯的索引中检索索引为 3 的元素。

此外，也可以通过指定索引来交换元素，方法如示例 2.42 所示。

示例 2.42　通过指定索引，交换数组中的元素

In

```
a[2] = 9
print(a)
```

Out

```
[1 2 9 4 5]
```

示例 2.42 将索引为 2 的元素替换成了数字 9。

在二维数组中，检索元素时需要指定垂直和水平 2 个索引。可以使用 "," （逗号）分隔索引，也可以使用包含索引的两个 [] 来表示（示例 2.43）。

示例 2.43　访问二维数组中的元素

In

```
b = np.array([[0, 1, 2],
              [3, 4, 5]])

print(b[1, 2])  # 与 b[1][2]相同
```

Out

```
5
```

这样可以检索到垂直索引为 1、水平索引为 2 的元素。

在交换元素时，同样要指定两个索引（示例 2.44）。

示例 2.44 交换二维数组中的元素

In
```
b[1, 2] = 9

print(b)
```

Out
```
[[0 1 2]
 [3 4 9]]
```

在两个索引中指定的元素已经交换。针对三维或更多维数组，同样也可以通过指定多个索引来访问元素。

还可以通过在索引中指定"："（冒号）来访问行、列等。示例2.45中的代码展示了如何提取二维数组中的行，以及列的交换。

示例 2.45 访问行或列

In
```
c = np.array([[0, 1, 2],
              [3, 4, 5]])

print(c[1, :])   # 检索索引为1的行

print()

c[:, 1] = np.array([6, 7])   # 替换索引为1的列
print(c)
```

Out
```
[3 4 5]

[[0 6 2]
 [3 7 5]]
```

②②⑦ 函数与数组

可以使用 NumPy 数组作为函数参数或返回值。示例 2.46 中的

my_func 函数接收数组作为参数，并作为返回值返回数组。

示例 2.46   作为函数参数以及返回值的数组

In
```python
import numpy as np

def my_func(x):
    y = x * 2 + 1
    return y

a = np.array([[0, 1, 2],
              [3, 4, 5]])  # 二维数组
b = my_func(a)  # 将数组作为参数传递，并作为返回值接收

print(b)
```

Out
```
[[ 1  3  5]
 [ 7  9 11]]
```

如示例 2.46 所示，人工智能的代码通常使用数组在函数内部和外部交换数据。

2 2 8 NumPy 的各种功能

NumPy 拥有许多功能，示例 2.47 中列出了其中的一部分。sum() 函数用来求和，average() 函数用来求取平均值，max() 函数用来获取最大值，min() 函数用来获取最小值。

示例 2.47   NumPy 提供的各种函数

In
```python
import numpy as np

a = np.array([[0, 1, 2],
              [3, 4, 5]])  # 2维数组
```

```
print("统计:", np.sum(a))
print("平均:", np.average(a))
print("最大值:", np.max(a))
print("最小值:", np.min(a))
```

Out

```
统计: 15
平均: 2.5
最大值: 5
最小值: 0
```

②②⑨ 练习

问题

在 Jupyter Notebook 的单元格中编写两个 NumPy 的二维数组，并计算它们的和、差和乘积（示例 2.48）。

解答示例

示例 2.48　解答示例

In

```
import numpy as np

a = np.array([[0, 1, 2],
              [3, 4, 5]])
b = np.array([[5, 4, 3],
              [2, 1, 0]])

print(a + b)  # 和
print()
print(a - b)  # 差
print()
print(a * b)  # 积
```

```
Out    [[5 5 5]
        [5 5 5]]

       [[-5 -3 -1]
        [ 1  3  5]]

       [[0 4 6]
        [6 4 0]]
```

2.3 matplotlib的基础

本节学习如何使用图表绘制模块 matplotlib，把代码执行的结果变得可视化。

2.3.1 什么是 matplotlib

matplotlib 与 NumPy 一样，也是 Python 的外部模块，用于绘制图表、显示图像和创建简单动画。

在人工智能中，将数据可视化是非常重要的，因此，本节内容将解说如何利用 matplotlib 绘制图表。

2.3.2 matplotlib 的导入

为了绘制图表，需要导入名为 pyplot 的 matplotlib 模块。pyplot 支持图形绘制。由于数据使用 NumPy 数组，因此还需要导入 NumPy。此外，为了在 Jupyter Notebook 中显示 matplotlib 的图表，可能需要在代码开头加入 %matplotlib inline 语句（示例 2.49）。

| 示例 2.49 | 导入各种模块 |

```
In

%matplotlib inline

import numpy as np
import matplotlib.pyplot as plt
```

之后的代码可能会省略 %matplotlib inline 语句。在某些情况下，如果没有此语句，图表可能无法显示，因此，如果运行时图表无法显示，请将此段代码添加到代码头部。

②③③ linspace() 函数

使用 matplotlib 绘制图表时，经常会用到 NumPy 的 linspace() 函数。linspace() 函数可以创建一个 NumPy 数组，该数组会将一个区间分成 50 个相等的间隔。此数组通常被用于图表水平轴的值（示例 2.50）。

| 示例 2.50 | 使用 linspace() 函数创建包含等间距值的数组 |

```
In

import numpy as np

x = np.linspace(-5, 5)  # 从-5到5分隔为50份

print(x)
print(len(x))  # x为元素数
```

```
Out

[-5.          -4.79591837 -4.59183673 -4.3877551  ⇨
-4.18367347 -3.97959184
  -3.7755102  -3.57142857 -3.36734694 -3.16326531 ⇨
-2.95918367 -2.75510204
  -2.55102041 -2.34693878 -2.14285714 -1.93877551 ⇨
-1.73469388 -1.53061224
  -1.32653061 -1.12244898 -0.91836735 -0.71428571 ⇨
-0.51020408 -0.30612245
```

```
 -0.10204082   0.10204082   0.30612245   0.51020408  ⇨
0.71428571   0.91836735
  1.12244898   1.32653061   1.53061224   1.73469388  ⇨
1.93877551   2.14285714
  2.34693878   2.55102041   2.75510204   2.95918367  ⇨
3.16326531   3.36734694
  3.57142857   3.7755102    3.97959184   4.18367347  ⇨
4.3877551    4.59183673
  4.79591837   5.           ]
50
```

此数组用于模拟连续变化的水平轴的值。

②③④ 绘制图表

举个例子，假设使用 pyplot 绘制一条直线。首先用 NumPy 的 linspace() 函数将 x 坐标数据作为数组生成，然后用该值乘以 2 作为 y 坐标。再用 pyplot 的 plot() 函数绘制 x 和 y 坐标数据，最后用 show() 函数显示图形（示例 2.51）。

示例 2.51　用 pyplot 绘制简单图表

In
```
import numpy as np
import matplotlib.pyplot as plt

x = np.linspace(-5, 5)  # 从 -5 到 5
y = 2 * x # 用 x 乘以 2 作为 y 坐标

plt.plot(x, y)
plt.show()
```

Out

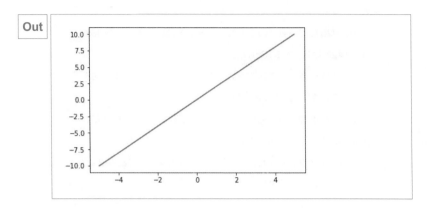

　　如果在代码运行后没有显示图表，请将 %matplotlib inline 添加到代码最上面一行。

② ③ ⑤　图表的装饰

　　用以下的表示方法可以让图表变得更加丰富（示例 2.52）。

- 轴标签。
- 图表标题。
- 显示网格。
- 图例和线条样式。

示例 2.52　　装饰图表

In

```
import numpy as np
import matplotlib.pyplot as plt


x = np.linspace(-5, 5)
y_1 = 2 * x
y_2 = 3 * x

# 轴标签
plt.xlabel("x value", size=14)  ⇨
# 指定轴标签文字大小为14
plt.ylabel("y value", size=14)
```

```python
# 图表标题
plt.title("My Graph")

# 显示网格
plt.grid()

# 指定出图时的图例和线条样式
plt.plot(x, y_1, label="y1")
plt.plot(x, y_2, label="y2", linestyle="dashed")
plt.legend() # 展示图例

plt.show()
```

Out

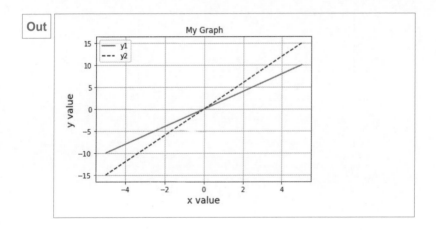

②③⑥ 散点图的显示

可以使用 scatter() 函数显示散点图。示例 2.53 中的代码就在 x 和 y 坐标间绘制了散点图。

示例 2.53   使用 scatter() 函数显示散点图

In

```
import numpy as np
import matplotlib.pyplot as plt

x = np.array([1.2, 2.4, 0.0, 1.4, 1.5, 0.3, 0.7])  ⇨
# x坐标
y = np.array([2.4, 1.4, 1.0, 0.1, 1.7, 2.0, 0.6])  ⇨
# y坐标

plt.scatter(x, y)   # 绘制散点图
plt.grid()
plt.show()
```

Out

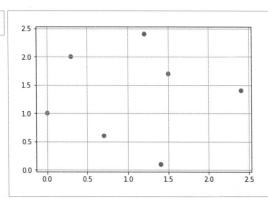

! **ATTENTION**

横轴与纵轴的比例

  如果没有经过特殊设置，在matplotlib图表中，水平轴和垂直轴的缩放比例是相同的。

②③⑦ 直方图的显示

利用 hist() 函数可以绘制直方图。直方图可以统计每个范围的值的出现频率，并用矩形柱进行表示。

示例 2.54 中的代码对数组 data 中每个值的出现频率进行了统计，并用直方图将其展示出来。

示例 2.54 显示直方图

In
```python
import numpy as np
import matplotlib.pyplot as plt

data = np.array([0, 1, 1, 2, 2, 2, 3, 3, 4, 5, 6, 6, ⇨
7, 7, 7, 8, 8, 9])

plt.hist(data, bins=10)  # 直方图 bins 为柱的数量
plt.show()
```

Out

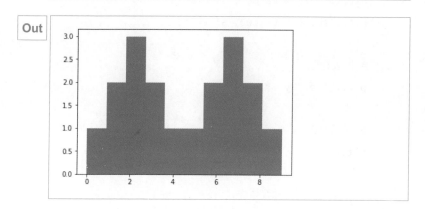

可以看到，示例 2.54 中的图表对每个数字出现的频率进行了统计。

matplotlib 还有许多其他有用的功能。本节所介绍的只是 matplotlib 功能的一小部分。

2 3 8 练习

2 3 8 练习

问题

补全示例 2.55 中单元格里的内容并绘制图表。可以依照自己喜欢的形式设定 x 的范围并对 x 进行运算。

示例 2.55 问题

In
```python
import numpy as np
import matplotlib.pyplot as plt

x =                        # 指定 x 的范围
y_1 =                      # 对 x 进行运算，并设为 y_1
y_2 =                      # 对 x 进行运算，并设为 y_2

# 轴标签
plt.xlabel("x value", size=14)
plt.ylabel("y value", size=14)

# 图表标题
plt.title("My Graph")

# 显示网格
plt.grid()

# 指定出图图例和线条样式
plt.plot(x, y_1, label="y1")
plt.plot(x, y_2, label="y2", linestyle="dashed")
plt.legend() # 显示图例

plt.show()
```

Python、NumPy 和 matplotlib 基础

解答示例

示例 2.56　　解答示例

In

```
import numpy as np
import matplotlib.pyplot as plt

x = np.linspace(-3, 3)     # 指定x的范围
y_1 = 1.5*x        # 对x进行运算，并设为y_1
y_2 = -2*x + 1   # 对x进行运算，并设为y_2

# 轴标签
plt.xlabel("x value", size=14)
plt.ylabel("y value", size=14)

...
```

Out

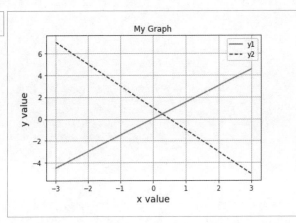

第 **3** 章 数学的基础

本章将使用 Python 来解释在学习本书时所需的基础数学知识。在掌握数学基础的同时，熟悉如何在 Python 中处理数学公式。

3.1 变量、常量

变量和常量是处理数学公式时的基本概念。

3.1.1 变量与常量的区别

变量和常量之间的差异如下所示。

变量：发生变化的数字。
常量：保持一定、不发生变化的数字。

变量通常用字母表示，如 x 或 y。常量则由 1、2.3、–5 等数值表示。另外，a 和 b 等字母和 α 及 β 等希腊字母也经常被用来表示常量。

3.1.2 变量与常量的示例

下面是一个使用变量和常量的公式示例：

$$y = ax$$
$$x, y：变量$$
$$a：常量$$

示例 3.1 是此公式的代码示例。

示例 3.1　使用变量和常量绘制直线

In
```
%matplotlib inline

import numpy as np
import matplotlib.pyplot as plt

a = 1.5  # a: 常量
x = np.linspace(-1,1)  # x: 变量 -1到1的范围
y = a * x  # y: 变量
```

```
plt.plot(x, y)
plt.xlabel("x", size=14)
plt.ylabel("y", size=14)
plt.grid()
plt.show()
```

Out

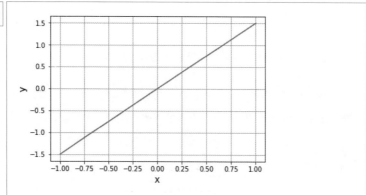

图像根据公式 $y = ax$ 绘制出了一条直线。在这种情况下，x 和 y 的值发生了变化，而 a 的值保持不变。

3 1 3 练习

问题

自行设定示例 3.2 代码中常量 b 的值，然后绘制一条直线。

示例 3.2   问题

In

```
import numpy as np
import matplotlib.pyplot as plt


b =      # b: 常量
x = np.linspace(-1,1)  # x: 变量
```

```
y = b * x   # y: 变量

plt.plot(x, y)
plt.xlabel("x", size=14)
plt.ylabel("y", size=14)
plt.grid()
plt.show()
```

解答示例

示例 3.3　　解答示例

In
```
...
b = 3   # b: 常量
x = np.linspace(-1,1) # x: 变量
y = b * x   # y: 变量
...
```

Out

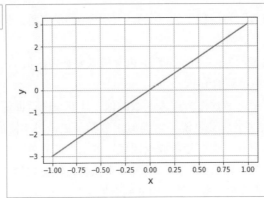

<u>3.2</u>　函数

函数是处理公式的基本概念。

3.2.1 什么是函数

函数是一个决定某个值 x 与其从属值 y 之间关系的概念。

例如，如果 x 决定 y 的值，则函数 f 可以如下所示：

$$y = f(x)$$

这意味着 y 是 x 的函数。

3.2.2 函数示例

下面是函数 $y = f(x)$ 的示例：

$$y = 3x$$
$$y = 3x + 2$$
$$y = 3x^2 + 2x + 1$$

所有这些函数都通过确定 x 值以使 y 的值从属于前者。

3.2.3 数学函数与编程函数的区别

数学中的"函数"和编程中的"函数"使用相同的名称，但这可能会造成广大学习者混淆。

数学中的函数表示为 $y = f(x)$，其中包含代入函数中的值 x，以及经过处理后从函数中得到的值 y。

而编程函数有一个参数作为进入函数的值，还有一个返回值作为退出函数的值。从这个意义上说，它类似于数学函数，但不同的是，编程中的函数可能存在"没有参数或返回值"的情况。另外，本书中经常将数学的"函数"作为编程的"函数"来执行，但与数学的世界不同，计算机只能表现出分散的值，因此两者始终只是近似而已。

因此，数学函数和编程函数虽然有共同点，但其基础是不同的，请大家把握好两者间的差异。

3.2.4 用编程函数来实现数学函数

接下来用编程函数来实现数学函数 $y = 3x + 2$。它的实现需要使用

Python 函数，如示例 3.4。

| 示例 3.4 | 用 Python 函数来实现数学函数 |

In

```
import numpy as np

def my_func(x):   # 使用名为 my_func 的 Python 函数来实现数
                  # 学公式
    return 3*x + 2   # 返回 3x + 2

x = 4   # 全局变量，并非与上述的参数 x 为同一变量
y = my_func(x)   # y = f(x)
print(y)
```

Out

```
14
```

后面章节中会经常用编程函数实现数学函数，请大家熟悉本示例中的记叙方法。

3 2 5 练习

问题

完成示例 3.5 中的代码，并用代码实现数学表达式 $y = 4x + 1$。

| 示例 3.5 | 问题 |

In

```
import numpy as np

def my_func(x):
    return                        # 在该行补全代码

x = 3
```

```
y = my_func(x)  # y = f(x)
print(y)
```

解答示例

示例 3.6   解答示例

In
```
import numpy as np

def my_func(x):
    return 4*x + 1  # 4x + 1

x = 3
y = my_func(x)  # y = f(x)
print(y)
```

Out
```
13
```

3.3 幂与平方根

幂和平方根常常活跃于公式的编写中。

③③① 什么是幂

将相同的数字或字符多次相乘，被称为幂。例如：

$$3 \times 3 \times 3 \times 3 \times 3$$

上面将 5 个 3 进行了相乘，可以用更简短的方式对其进行表示：

$$3^5$$

读作 3 的 5 次方。

以此类推，将 x，y 作为变量，a 为常量，它们的幂可以表示如下：

$$y = x^a$$

在这种情况下，x、y 和 a 可以是小数。如果 a 为 0，y 为 1，那么它的表示方法如下：

$$x^0 = 1$$

另外，有关于幂的以下关系也是成立的：

$$(x^a)^b = x^{ab}$$
$$x^a x^b = x^{a+b}$$
$$x^{-a} = \frac{1}{x^a}$$

③③② 用代码实现幂

下面在代码中实现公式 $y = x^a$。在 Python 中，幂被记作 ** （示例 3.7）。

示例 3.7　绘制幂的图表

In

```python
%matplotlib inline

import numpy as np
import matplotlib.pyplot as plt

def my_func(x):
    a = 3
    return x**a   # x的a次方


x = np.linspace(0, 2)
y = my_func(x)   # y = f(x)
```

```
plt.plot(x, y)
plt.xlabel("x", size=14)
plt.ylabel("y", size=14)
plt.grid()
plt.show()
```

Out

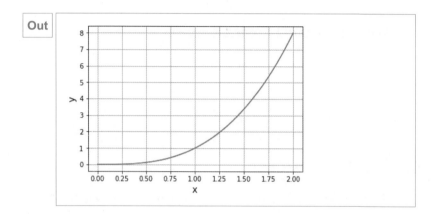

当 x 的值为 1 时，y 的值为 1；x 的值为 2 时，y 的值就变成了 8。它们分别对应 1 的 3 次方和 2 的 3 次方。还可以看到，即使 x 的值不是整数，也可以连续计算幂。

③③③ 什么是平方根

请大家思考下面这则关系式：

$$y = x^a$$

此时，根据 $(x^a)^b = x^{ab}$，如果 $a = \dfrac{1}{2}$，则求出等号两边的 2 次方后，可得到右边为 x。

$$y^2 = \left(x^{\frac{1}{2}} \right)^2$$
$$= x$$

像这样，y 进行 2 次方值为 x，则 y 称为 x 的平方根。

平方根有正值和负值。例如，9 的平方根为 3 和 –3。其中正平方根可以用 $\sqrt{\ }$ 描述如下：

$$y = \sqrt{x}$$

③③④ 用代码实现平方根

下面用代码来实现一下公式 $y = \sqrt{x}$。可以使用 NumPy 的 sqrt() 函数求得正平方根（示例 3.8）。

示例 3.8　绘制平方根图表

In

```python
import numpy as np
import matplotlib.pyplot as plt

def my_func(x):
    return np.sqrt(x)   # x的正平方根。与x**(1/2)相同

x = np.linspace(0, 9)
y = my_func(x)   # y = f(x)

plt.plot(x, y)
plt.xlabel("x", size=14)
plt.ylabel("y", size=14)
plt.grid()
plt.show()
```

Out

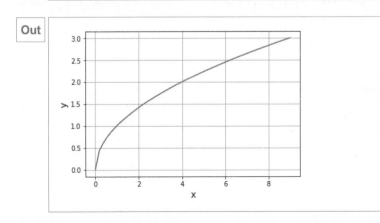

当 x 的值为 4 时，y 的值为 2；x 的值为 9 时，y 的值为 3。它们分别对应 4 的正平方根和 9 的正平方根。还可以发现，即使 x 值不是整数，也可以连续计算平方根。

3 3 5 练习

问题

完成示例 3.9 中的代码，并绘制以下公式的图形：

$$y = \sqrt{x} + 1$$

示例 3.9 问题

In
```
import numpy as np
import matplotlib.pyplot as plt


def my_func(x):
    return                       # 在该行补全代码


x = np.linspace(0, 4)
y = my_func(x)   # y = f(x)


plt.plot(x, y)
plt.xlabel("x", size=14)
plt.ylabel("y", size=14)
plt.grid()
plt.show()
```

解答示例

示例 3.10 解答示例

In
```
...
```

```
def my_func(x):
    return np.sqrt(x) + 1

...
```

Out

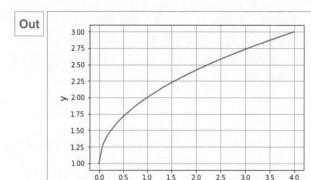

3.4 多项式函数

多项式函数是最基本的函数。

3.4.1 什么是多项式

例如，以下由多个项组成的表达式被称为多项式：

$$2x - 1$$
$$3x^2 + 2x + 1$$
$$4x^3 + 2x^2 + x + 3$$

使用这些表达式的函数被称为多项式函数。

以下是多项式函数的示例：

$$y = 2x - 1$$
$$y = 3x^2 + 2x + 1$$
$$y = 4x^3 + 2x^2 + x + 3$$

通过总结后，多项式可表示如下（$a_n \neq 0$）：

$$y = a_n x^n + a_{n-1} x^{n-1} + \cdots + a_1 x + a_0$$

像这种 x 右肩上的最大整数（次方）为 n 的多项式被称为 n 次多项式。

③④② 多项式的实现

以下用代码实现一个 2 次多项式 $y = 3x^2 + 2x + 1$（示例 3.11）。

示例 3.11　　绘图表现 2 次多项式

In

```
%matplotlib inline

import numpy as np
import matplotlib.pyplot as plt

def my_func(x):
    return 3*x**2 + 2*x + 1

x = np.linspace(-2, 2)
y = my_func(x)   # y = f(x)

plt.plot(x, y)
plt.xlabel("x", size=14)
plt.ylabel("y", size=14)
plt.grid()
plt.show()
```

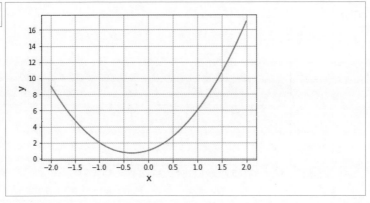

下面用代码实现 3 次多项式 $y = 4x^3 + 2x^2 + x + 3$（示例 3.12）。

示例 3.12　绘图表现 3 次多项式

In

```python
import numpy as np
import matplotlib.pyplot as plt

def my_func(x):
    return 4*x**3 + 2*x**2 + x + 3

x = np.linspace(-2, 2)
y = my_func(x)   # y = f(x)

plt.plot(x, y)
plt.xlabel("x", size=14)
plt.ylabel("y", size=14)
plt.grid()
plt.show()
```

Out

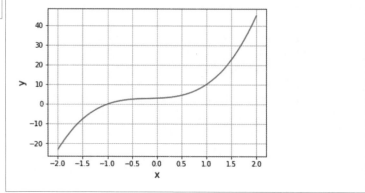

如上所示，可以用 Python 和 NumPy 来表示多项式。

③④③ 练习

问题

完成示例 3.13 中的代码，并绘制以下公式的图表：

$$y = x^3 - 2x^2 - 3x + 4$$

示例 3.13   问题

In

```python
import numpy as np
import matplotlib.pyplot as plt

def my_func(x):
    return                     # 在该行补全代码

x = np.linspace(-2, 2)
y = my_func(x)  # y = f(x)

plt.plot(x, y)
plt.xlabel("x", size=14)
```

```
plt.ylabel("y", size=14)
plt.grid()
plt.show()
```

解答示例

示例 3.14　解答示例

In

```
...

def my_func(x):
    return x**3 - 2*x**2 - 3*x + 4

x = np.linspace(-2, 2)
y = my_func(x)   # y = f(x)

...
```

Out

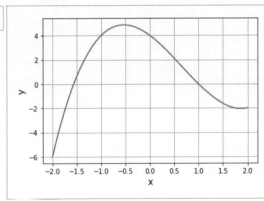

3.5 三角函数

可以使用三角函数来处理具有周期性且平滑变化的值。

③⑤① 什么是三角函数

首先思考图 3.1 中的直角三角形。

直角边为 a 和 b，与直角的相对边为 c。边 a 和边 c 之间所夹的角为 θ。

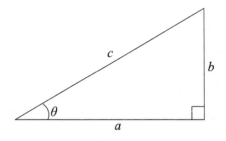

图 3.1　直角三角形的边与角

在这个三角形中，角度 θ 和每条边之间的关系定义如下：

$$\sin\theta = \frac{b}{c}$$

$$\cos\theta = \frac{a}{c}$$

$$\tan\theta = \frac{b}{a}$$

$\sin\theta$、$\cos\theta$、$\tan\theta$ 被称为**三角函数**。三角函数满足以下关系：

$$(\sin\theta)^2 + (\cos\theta)^2 = 1$$

$$\tan\theta = \frac{\sin\theta}{\cos\theta}$$

另外，三角函数经常用弧度作为角度 θ 的单位。π（$3.14159\cdots$）的弧度相当于 $180°$。举个例子，$90°$ 的弧度就是 $\pi/2$。

③⑤② 实现三角函数

下面用代码（示例3.15）来实现公式 $y = \sin x$、$y = \cos x$。借此来确认根据 x 的变化，三角函数 y 会发生怎样的变化。

这里经常会使用到 NumPy 的 sin() 函数和 cos() 函数，参数单位为弧度。可通过 np.pi 获得圆周率。

示例3.15   绘图表现 sin() 函数与 cos() 函数

In

```python
%matplotlib inline

import numpy as np
import matplotlib.pyplot as plt

def my_sin(x):
    return np.sin(x)  # sin(x)

def my_cos(x):
    return np.cos(x)  # cos(x)

x = np.linspace(-np.pi, np.pi)  #从 -π 到 π（弧度）为止
y_sin = my_sin(x)
y_cos = my_cos(x)

plt.plot(x, y_sin, label="sin")
plt.plot(x, y_cos, label="cos")
plt.legend()

plt.xlabel("x", size=14)
plt.ylabel("y", size=14)
plt.grid()

plt.show()
```

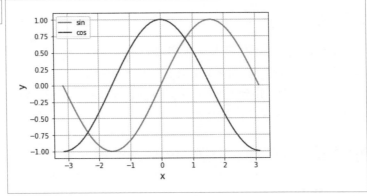

　　绘制出的二者的图像，都是 y 值为 –1 到 1 之间的平滑的曲线。sin() 函数仅仅是 cos() 函数在 x 方向上作出的 π/2 的偏移。

　　下面在代码中实现公式 $y = \tan x$。再确认根据 x 值的变化，三角函数 y 会发生怎样的变化。

　　使用 NumPy 的 tan() 函数，参数的单位依然是弧度（示例 3.16）。

示例 3.16　　绘图表现 tan() 函数

In
```
import numpy as np
import matplotlib.pyplot as plt

def my_tan(x):
    return np.tan(x)  # tan(x)

x = np.linspace(-1.3, 1.3)  # 从-1.3到1.3（弧度）为止
y_tan = my_tan(x)

plt.plot(x, y_tan, label="tan")
plt.legend()

plt.xlabel("x", size=14)
plt.ylabel("y", size=14)
plt.grid()

plt.show()
```

Out

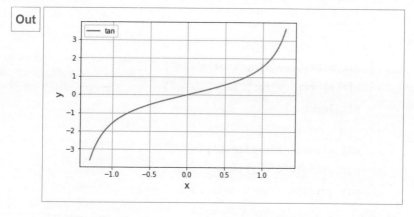

tan() 函数在大于 $-\pi/2$ 但小于 $\pi/2$ 的范围内平滑变化。在此范围内，函数接近 $-\pi/2$ 时无限小，接近 $\pi/2$ 时无限大。

③⑤③ 练习

问题

请在不同的 x 范围内绘制出数学表达式 $y = \sin x$、$y = \cos x$ 的图表（示例 3.17）。

示例 3.17 问题

In

```
import numpy as np
import matplotlib.pyplot as plt

def my_sin(x):
    return np.sin(x)    # sin(x)

def my_cos(x):
    return np.cos(x)    # cos(x)

x = np.linspace(    ,    )    # 指定x的范围
y_sin = my_sin(x)
```

```
y_cos = my_cos(x)

plt.plot(x, y_sin, label="sin")
plt.plot(x, y_cos, label="cos")
plt.legend()

plt.xlabel("x", size=14)
plt.ylabel("y", size=14)
plt.grid()

plt.show()
```

解答示例

示例 3.18   解答示例

In

```
...

x = np.linspace(-2*np.pi, 2*np.pi)   # 指定x的范围
y_sin = my_sin(x)
y_cos = my_cos(x)

...
```

Out

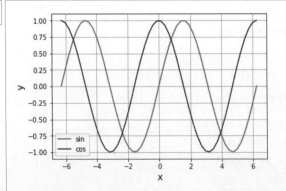

3.6 总和与乘积

本节学习如何用简单的符号描述总和与乘积，并在 NumPy 中实现它们。

3.6.1 什么是总和

总和是指将所有数值相加，如下所示：

$$1+3+2+5+4$$

如果将数值总数一般化为 n 个，则公式如下：

$$a_1 + a_2 + \cdots + a_{n-1} + a_n$$

可以使用 $\sum$（sigma）将其简短地描述如下：

$$\sum_{k=1}^{n} a_k$$

也可以用 $\sum$ 简短地表示之前处理过的多项式的总结式：

$$y = a_n x^n + a_{n-1} x^{n-1} + \cdots + a_1 x + a_0$$
$$= \sum_{k=0}^{n} a_k x^k$$

3.6.2 实现求和

接下来用代码实现下文中的总和公式（示例 3.19）。这里可以使用 NumPy 的 sum() 函数轻松地获得总和。

$$a_1 = 1, \ a_2 = 3, \ a_3 = 2, \ a_4 = 5, \ a_5 = 4$$
$$y = \sum_{k=1}^{5} a_k$$

In

```
import numpy as np

a = np.array([1, 3, 2, 5, 4])  # 从a1到a5
y = np.sum(a)  # 求和
print(y)
```

Out

```
15
```

通过使用 sum() 函数，可以确认数组中的所有元素都已被相加。

③⑥③ 什么是乘积

乘积是指将多个数值全部相乘（可简称为连乘），如下所示：

$$1 \times 3 \times 2 \times 5 \times 4$$

如果将数值总数一般化为 n 个，则表达式如下所示：

$$a_1 a_2 \cdots a_{n-1} a_n$$

可以使用 $\prod$ (pi) 符号将表达式简短地表示如下：

$$\prod_{k=1}^{n} a_k$$

③⑥④ 实现乘积

接下来用代码（示例 3.20）来实现乘积运算。这里使用 NumPy 的 prod() 函数可以很容易地得到结果。

$$a_1 = 1, \ a_2 = 3, \ a_3 = 2, \ a_4 = 5, \ a_5 = 4$$

$$y = \prod_{k=1}^{5} a_k$$

示例 3.20　　用 NumPy 的 prod() 函数求乘积

In
```
import numpy as np

a = np.array([1, 3, 2, 5, 4])  # 从a1到a5
y = np.prod(a)  # 求乘积
print(y)
```

Out
```
120
```

如示例 3.20 所示，prod() 函数会将数组中的所有元素相乘。

③⑥⑤ 练习

问题

请用代码计算并显示示例 3.21 中数组 b 求和与乘积的结果。

示例 3.21　　问题

In
```
import numpy as np

b = np.array([6, 1, 5, 4, 3, 2])

                        # 总和
                        # 乘积
```

解答示例

示例 3.22　　解答示例

In
```
import numpy as np

b = np.array([6, 1, 5, 4, 3, 2])

print(np.sum(b))   # 总和
print(np.prod(b))  # 乘积
```

3.7 随机数

随机数是一个不规律且不可预测的数字。在人工智能中，随机数被活用于参数的初始化等。

3 7 1 什么是随机数

例如，扔骰子时，在上面的面出现之前，不知道会出现 1～6 的哪个数值。随机数就是指这种未确定的数字。

如示例 3.23 这段代码，会随机返回 1～6 之间的值，就像扔骰子一样。如果将整数 a 作为参数传递给 NumPy 的 random.randint() 函数，则返回一个介于 0 和 *a*–1 之间的随机整数。

示例 3.23   生成从 1 到 6 的随机整数

In
```
import numpy as np

r_int = np.random.randint(6) + 1    ⇨
# 将0到5之间的随机数加1
print(r_int)  # 随机显示1到6
```

Out
```
4
```

示例 3.23 中的代码在每次执行时会随机显示 1～6 之间的整数。像这样，随机数在程序执行之前，无法知道具体的值。

也可以得到小数随机数。示例 3.24 是使用 NumPy 的 random. rand() 函数随机显示 0～1 之间的小数的代码。

示例 3.24　　生成 0 到 1 之间的小数随机数

In
```
import numpy as np

r_dec = np.random.rand()  # 随机返回0到1之间的小数
print(r_dec)
```

Out
```
0.7800397368868586
```

在每次执行示例 3.24 中的代码时，都会随机显示 0 ~ 1 之间的小数。

③⑦② 均匀随机数

前文介绍的 random.rand() 函数返回一个介于 0 ~ 1 之间的小数，概率相等。如果将整数 a 作为参数传递给此函数，则返回 a 个均匀概率的随机数。

示例 3.25 中的代码就使用了大量这样的随机数作为 x 和 y 的坐标。可以通过这种方法来确认随机数的均匀性。

示例 3.25　　随机数的均匀分布

In
```
%matplotlib inline

import numpy as np
import matplotlib.pyplot as plt
n = 1000  # 样本数
x = np.random.rand(n)  # 0~1 的均匀随机数
y = np.random.rand(n)  # 0~1 的均匀随机数

plt.scatter(x, y)  # 绘制散点图
plt.grid()
plt.show()
```

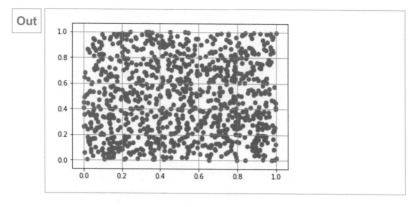

可以看到随机数在 x 和 y 坐标上均匀分布。

③⑦③ 偏移的随机数

随机数的概率不一定是均匀的。NumPy 的 random.randn() 函数返回符合正态分布的随机数。在正态分布中，中心概率较高，两端概率较低。关于正态分布，本书将在后面的章节中进行详细说明。

示例 3.26 中的代码使用正态分布的多个随机数作为 x 和 y 坐标，检查随机数的偏移。

| 示例 3.26 | 遵循正态分布的随机数分布 |

In

```
import numpy as np
import matplotlib.pyplot as plt


n = 1000  # 样本数
x = np.random.randn(n)   # 遵循正态分布的随机数
y = np.random.randn(n)   # 遵循正态分布的随机数


plt.scatter(x, y)   # 绘制散点图
plt.grid()
plt.show()
```

Out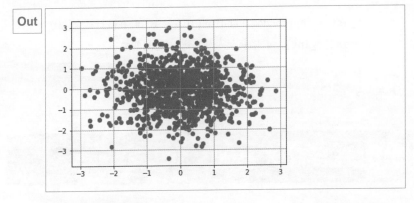

可以发现，随机数是向中心部分偏移的。在人工智能领域中，经常使用随机数来确定参数的初始值。随机数的分布情况，其实在某种程度上是可以想象的。

③ ⑦ ④ 练习

问题

请补全示例 3.27 中的代码，使每次执行代码时可以显示出 1 ～ 10 之间的随机整数。

示例 3.27　　问题

```
In

import numpy as np


r_int =                          # 在该行补全代码
print(r_int)  # 随机显示从1到10之间的数字
```

解答示例

示例 3.28　　解答示例

```
In

import numpy as np
```

```
r_int =  np.random.randint(10) + 1   # 在该行补全代码
print(r_int)   # 随机显示从1到10之间的数字
```

Out
```
3
```

3.8　LaTeX基础

本节学习如何使用 LaTeX 这一文件处理系统，来整洁地记述公式。学习 LaTeX 可轻松地编写外观整洁且可重复使用的公式。

3.8.1　什么是 LaTeX

在 Jupyter Notebook 中，可以使用一个名为 LaTeX 的文档处理系统来编写公式。

请试着使用 LaTeX 编写以下公式：

$$y = 2x + 1$$

将 Jupyter Notebook 中的单元格类型设置为 markdown，然后按示例 3.29 所示内容进行编码并执行（图 3.2）。

示例 3.29　编写示例

In
```
$$y=2x+1$$
```

```
$$y=2x+1$$
```

图 3.2　在单元格中编写公式（执行前）

如果编写没有问题，大家应该可以看到如图 3.3 中出现的公式。

$$y = 2x + 1$$

图 3.3 在单元格中编写公式（执行后）

如上所示，需要在 markdown 单元格中编写 LaTeX 代码，而代码中的双重 $ 则表示其中间为公式。另外，如果要在文章中插入公式，请在编写代码时将公式放置在一重 $ 中间，如 $y=2x+1$。

③⑧② 各种公式的表达方法

下面介绍 LaTeX 中各种公式的表达方法。

1. 下标和幂

可以使用 ^ 和 _ 符号来分别表示右上角的幂和右下角的下标。如果有多个下标，请用 {} 将它们括起来（表 3.1）。

表 3.1 下标和幂（公式示例和 LaTeX 中的表达）

公式示例	LaTeX 中的表达
a_1	a_1
a_{ij}	a_{ij}
b^2	b^2
b^{ij}	b^{ij}
c_1^2	c_1^2

2. 多项式

可以用下标或幂来描述多项式。

公式示例：$y = x^3 + 2x^2 + x + 3$

LaTeX 中的记述：$y = x^3 + 2x^2 + x + 3$

3. 平方根

通过添加 \sqrt 记述，可以写出 $\sqrt{}$。

公式示例：$y = \sqrt{x}$

LaTeX 中的记述：$y = $ \sqrt x

4. 三角函数

可以使用 \sin 或 \cos 来描述三角函数。

公式示例：$y = \sin x$

LaTeX 中的记述：$y = $ \sin x

5. 分数

可以使用 \frac{}{} 来描述分数。

公式示例：$y = \dfrac{17}{24}$

LaTeX 中的记述：$y = $ \frac{17}{24}

6. 求和

可以使用 \sum 来描述 $\sum$ 符号。

公式示例：$y = \sum\limits_{k=1}^{n} a_k$

LaTeX 中的记述：y=\sum_{k=1}^n a_k

7. 乘积

可以使用 \prod 来表示符号 $\prod$。

公式示例：$y = \prod\limits_{k=1}^{n} a_k$

LaTeX 中的记述：y=\prod_{k=1}^n a_k

LaTeX 还拥有很多其他表达方式。感兴趣的读者可以自行深入学习。

③⑧③ 练习

问题

请在 Jupyter Notebook 的单元格中以 LaTeX 的格式编写以下公式：

$$y = x^3 + \sqrt{x} + \frac{a_{ij}}{b_{ij}^4} - \sum_{k=1}^{n} a_k$$

解答示例

示例 3.30　　解答示例

In

```
$$y=x^3 + \sqrt x + \frac{a_{ij}}{b_{ij}^4} -  ⇨
\sum_{k=1}^n a_k$$
```

3.9　绝对值

　　绝对值表示数值与 0 的距离。在人工智能领域，绝对值有时被用于把握以 0（零）为中心的值的扩展情况。

3.9.1　什么是绝对值

　　绝对值是通过忽略值的正负而得到的非负值。负值的绝对值等于该值去负的值。正值的绝对值则是该值本身。值 x 的绝对值可以表示为 $|x|$，并通过如下方式计算：

$$|x| = \begin{cases} -x & (x < 0) \\ x & (x \geq 0) \end{cases}$$

以下均为绝对值的示例：

$$|-5| = 5$$
$$|5| = 5$$
$$|-1.28| = 1.28$$
$$|\sqrt{5}| = \sqrt{5}$$
$$\left|-\frac{\pi}{2}\right| = \frac{\pi}{2}$$

　　可以使用 NumPy 的 abs() 函数获得绝对值。示例 3.31 中，使用了

abs() 函数计算了列表中各个值的绝对值。

示例 3.31 使用 abs() 函数求绝对值

```
In

import numpy as np


x = [-5, 5, -1.28, np.sqrt(5), -np.pi/2]   ⇨
# 将各个值储存进列表
print(np.abs(x))   # 求绝对值
```

```
Out

[5.          5.          1.28        2.23606798 1.57079633]
```

正值虽然仍为正值，但可以看到负值已被转换为正值。

③ ⑨ ② 函数的绝对值

为了了解绝对值的图像，下面试着求出绝对值并绘制出图像将其显示出来。示例 3.32 中的代码可以求出 sin() 和 cos() 函数的绝对值并用图像显示所得到的结果。

示例 3.32 三角函数的绝对值

```
In

%matplotlib inline


import numpy as np
import matplotlib.pyplot as plt


x = np.linspace(-np.pi, np.pi)   # -π 到 π（弧度）
y_sin = np.abs(np.sin(x))   # 取 sin() 函数的绝对值
y_cos = np.abs(np.cos(x))   # 取 cos() 函数的绝对值


plt.scatter(x, y_sin, label="sin")
```

```
plt.scatter(x, y_cos, label="cos")
plt.legend()

plt.xlabel("x", size=14)
plt.ylabel("y", size=14)
plt.grid()

plt.show()
```

Out

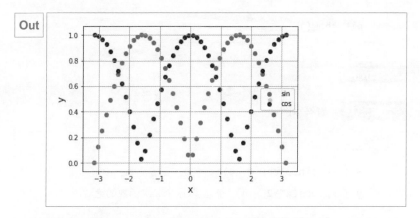

　　三角函数中的负区域被反转。这个区域可以被理解为三角函数与 0 之间的距离。从示例 3.32 的图像中也可以看出，通过使用绝对值，无论值的正负如何，都可以把握函数远离 0 的情况。

3·9·3 练习

问题

　　请获取示例 3.33 代码中二次函数的绝对值，并确认图像是如何变化的。

示例 3.33　　问题

In

```
import numpy as np
import matplotlib.pyplot as plt
```

```
x = np.linspace(-4, 4)
y =              x**2 - 4   # 获取这个二次函数的绝对值

plt.scatter(x, y)

plt.xlabel("x", size=14)
plt.ylabel("y", size=14)
plt.grid()

plt.show()
```

解答示例

示例 3.34　　解答示例

In
```
...
x = np.linspace(-4, 4)
y = np.abs(x**2 - 4)   # 获取这个二次函数的绝对值

...
```

Out

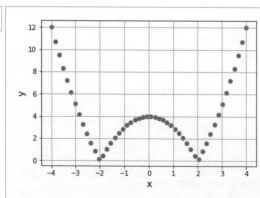

深度学习为何高歌猛进

通过将大量的人工神经细胞，进行层状的聚集，可以使它们发挥出非常高的表现力。这种层层重叠的网络被称为神经网络，而使用多层构造神经网络（深度神经网络）的机器学习，则被称为深度学习（也称为深层学习）。人工智能、机器学习的算法中虽然包含遗传算法以及支持向量机等各种方法，但现在正在进行中的第3次AI浪潮中的主角其实是深度学习。深度学习现在受到了全世界人们的关注，在自动驾驶、融资、流通、艺术、研究以及宇宙探索等各个领域都开始被广泛运用。

那么为什么深度学习如此受关注呢？以下列举了三个合理的理由。

第一，是由于它的高性能。深度学习与其他方法相比，经常可以发挥出压倒性的高精度计算能力。

其中一个例子是在2012年ILSVRC图像识别比赛中，由杰弗里·辛顿领导的多伦多大学团队通过深度学习成果震惊了机器学习研究人员。在那以前的方法的错误率为26%左右，但是通过深度学习，错误率被急剧降低到了17%左右。此后，在每年的ILSVRC比赛中，采用深度学习的团队均占据了前几位。

有时，深度学习性能的发挥甚至超过了部分人类的认知和判断能力范围。2015年DeepMind公司的AlphaGo曾经战胜了人类的专业围棋棋手，这也可以说是一个典型例子。

第二，源于它的通用性。深度学习可以被应用在非常广泛的范围内。深度学习可应用的领域包含对象识别、翻译引擎、会话引擎、游戏用AI、制造业的异常检测、病灶部位的发现、资产运用、安全、流通等，除此之外不胜枚举。虽然现在深度学习只是在很小的一部分领域逐渐取代人类，但是深度学习正在被应用于迄今为止只有人类活跃的各种领域，这是很了不起的事情。

第三，神经网络可以抽象化大脑的神经元网络。正因如此，社会上也开始期待着能否实现像人脑一般的人工智能。虽然深度学习的结构和脑的结构有很多不同点，但是由于人工神经网络所能发挥的高性能，也让我们开始对通过人工再现生命体所具备的智能抱以希望。

现在正处在第3次AI革命浪潮中。这种深度学习今后是继续作为主角，还是会有新的算法登场成为新的主角，作者个人还无法做出预测。深度学习属于需要正确答案的"监督学习"，但实际上我们的大脑进行的似乎是没有正确答案的"无监督学习"。如果现在的深度学习向更通用的方向进化，那么现在针对具体领域开发的人工智能就可能会进化成通用人工智能，或许未来，还会出现其他算法继往开来，担起这个重任。

第4章 线性代数

　　线性代数是数学中处理具有多维结构的数字序列的一个分支。这些多维结构称为标量、向量、矩阵和张量。人工智能需要处理非常多的数值，而使用线性代数则可以利用简单的公式来表达对多个数值的处理。而且，可以使用 NumPy 轻松地将公式应用于代码中。

　　虽然真正学习线性代数需要花费大量的精力和时间，但本章内容仅限于初学人工智能所需的范围。

　　学会灵活运用线性代数，可以高效地处理大量的数值数据。

4.1 标量、向量、矩阵和张量

本节学习如何将多个数据集中在一起。人工智能需要处理大量的数据，而标量、向量、矩阵、张量是这个过程中重要的概念。

4.1.1 什么是标量

标量（scalar）就是像 1、5、1.2、-7 等正常的数字。本书中，公式中的字母或小写希腊字母用于表示标量。

标量的示例：a、p、α、γ

4.1.2 实现标量

Python 中处理的正常数值就与标量相对应。示例 4.1 是代码中标量的示例。

示例 4.1　标量的示例

```
In    a = 1
      b = 1.2
      c = -0.25
      d = 1.2e5   # 1.2×10 的 5 次方 120000
```

4.1.3 什么是向量

向量是将标量排列在直线上的产物。在本节公式中，向量用一个小写字母加上箭头表示。以下是表示向量的示例：

$$\vec{a} = \begin{pmatrix} 1 \\ 2 \\ 3 \end{pmatrix}$$

$$\vec{b} = (-2.4, 0.25, -1.3, 1.8, 0.61)$$

$$\vec{p} = \begin{pmatrix} p_1 \\ p_2 \\ \vdots \\ p_m \end{pmatrix}$$

$$\vec{q} = (q_1, q_2, \cdots, q_n)$$

向量包括垂直排列数值的垂直向量，如上面的 $\vec{a}$ 和 $\vec{p}$，以及水平排列数值的水平向量，如 $\vec{b}$ 和 $\vec{q}$。本书主要使用水平向量，因此单纯写作向量时所指的是水平向量。此外，如 $\vec{p}$ 和 $\vec{q}$ 所示，用变量表示向量元素时只有一个下标。

4 1 4 实现向量

如示例 4.2 所示，可以使用 NumPy 的一维数组来表示向量。

示例 4.2　用 NumPy 的一维数组表示向量

In
```
import numpy as np

a = np.array([1, 2, 3])  # 用一维数组表示向量
print(a)

b = np.array([-2.4, 0.25, -1.3, 1.8, 0.61])
print(b)
```

Out
```
[1 2 3]
[-2.4   0.25 -1.3   1.8   0.61]
```

可以发现结果中的数值排在一条直线上。

4.1.5 什么是矩阵

矩阵是将标量排列成格子状的产物，下面的例子是它的表示方法：

$$\begin{pmatrix} 0.12 & -0.34 & 1.3 & 0.81 \\ -1.4 & 0.25 & 0.69 & -0.41 \\ 0.25 & -1.5 & -0.15 & 1.1 \end{pmatrix}$$

在矩阵中，标量的水平排列被称为行，标量的垂直排列被称为列。矩阵中的行和列如图 4.1 所示。

	第 1 列	第 2 列	第 3 列	第 4 列
第 1 行	0.12	−0.34	1.3	0.81
第 2 行	−1.4	0.25	0.69	−0.41
第 3 行	0.25	−1.5	−0.15	1.1

图 4.1　矩阵中的行与列

行数为从顶部开始的第一行、第二行、第三行、……。列数为从左数第一列、第二列、第三列、…。m 行 n 列矩阵表示为 $m \times n$ 矩阵。因此，图 4.1 中的矩阵就是 3×4 矩阵。

另外，如下所示，垂直向量可以被认为是列数为 1 的矩阵，水平向量可以被认为是行数为 1 的矩阵。

$$\begin{pmatrix} 0.12 \\ -1.4 \\ 0.25 \end{pmatrix}$$

$$\begin{pmatrix} -0.12 & -0.34 & 1.3 & 0.81 \end{pmatrix}$$

本书公式中，矩阵用斜体的大写字母表示。以下是矩阵表示方法的示例：

$$\boldsymbol{A} = \begin{pmatrix} 0 & 1 & 2 \\ 3 & 4 & 5 \end{pmatrix}$$

$$\boldsymbol{P} = \begin{pmatrix} p_{11} & p_{12} & \cdots & p_{1n} \\ p_{21} & p_{22} & \cdots & p_{2n} \\ \vdots & \vdots & \ddots & \vdots \\ p_{m1} & p_{m2} & \cdots & p_{mn} \end{pmatrix}$$

矩阵 A 是 2×3 的矩阵，矩阵 P 是 $m \times n$ 的矩阵。

此外，如 P 所示，表示矩阵元素的变量有两个下标。

4.1.6 实现矩阵

NumPy 的二维数组可以表示矩阵，如示例 4.3。

示例 4.3   用 NumPy 的二维数组表示矩阵

In
```python
import numpy as np

a = np.array([[1, 2, 3],
              [4, 5, 6]])     # 2×3矩阵
print(a)

b = np.array([[0.21, 0.14],
              [-1.3, 0.81],
              [0.12, -2.1]])  # 3×2矩阵
print(b)
```

Out
```
[[1 2 3]
 [4 5 6]]
[[ 0.21  0.14]
 [-1.3   0.81]
 [ 0.12 -2.1 ]]
```

可以发现数值以格子状进行了排列。

4.1.7 什么是张量

张量是在多个维度中排列的标量，其中包括标量、向量和矩阵。张量的概念如图 4.2 所示。

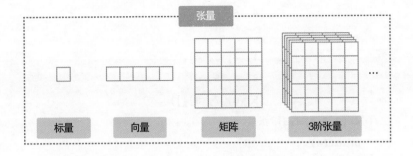

图 4.2 标量、向量、矩阵和张量的关系

　　每个元素的下标数被称为张量的阶数。标量没有下标，因此它是 0 阶张量，向量有 1 个下标，因此为 1 阶张量，矩阵有 2 个下标，因此为 2 阶张量。更高维度的还有 3 阶张量、4 阶张量……

> **⚠ ATTENTION**
>
> **张量**
>
> 　　在数学和物理中，张量的定义方式要更为复杂。但是，本书更重视机器学习的便利性，因此用简单的方法解说了张量。所以请各位读者注意，本书仅仅对张量进行了粗略的定义。

④①⑧ 实现张量

　　如示例 4.4 所示，可以使用 NumPy 的多维数组来表示 3 阶张量。

示例 4.4 　　用 NumPy 的数组表示 3 阶张量

```
In

import numpy as np


a = np.array([[[0, 1, 2, 3],
               [2, 3, 4, 5],
```

```
                      [4, 5, 6, 7]],

                     [[1, 2, 3, 4],
                      [3, 4, 5, 6],
                      [5, 6, 7, 8]]])  ⇨
# (2,3,4)的3阶张量
print(a)
```

Out

```
[[[0 1 2 3]
  [2 3 4 5]
  [4 5 6 7]]

 [[1 2 3 4]
  [3 4 5 6]
  [5 6 7 8]]]
```

可以看到结果有两个矩阵排列在一起。示例 4.4 代码中的 a 就是 3 阶张量。NumPy 的多维数组还可以用来表示更多阶数的张量。

4 1 9 练习

问题

请在 Jupyter Notebook 的单元格中用 NumPy 编写数组，分别表示标量、向量、矩阵和 3 阶张量。

解答示例

示例 4.5   解答示例

In

```
import numpy as np
```

```
# 标量
a = 1.5
print(a)

print()

# 向量
b = np.array([1, 2, 3, 4, 5])
print(b)

print()

# 矩阵
c = np.array([[1, 2, 3],
              [4, 5, 6]])
print(c)

print()

# 3阶张量
d = np.array([[[0, 1, 2],
               [3, 4, 5],
               [6, 7, 8]],

              [[8, 7, 6],
               [5, 4, 3],
               [2, 1, 0]]])
print(d)
```

Out

```
1.5

[1 2 3 4 5]
```

```
[[1 2 3]
 [4 5 6]]

[[[0 1 2]
  [3 4 5]
  [6 7 8]]

 [[8 7 6]
  [5 4 3]
  [2 1 0]]]
```

4.2　向量的点积和范数

本节学习向量的点积和范数的意义及计算方法，同时熟悉向量操作。

4.2.1　什么是点积

点积是向量之间的乘积的一种，可以通过下述方法来定义各要素之间的乘积的总和：

$$\vec{a} = (a_1, a_2, \cdots, a_n)$$
$$\vec{b} = (b_1, b_2, \cdots, b_n)$$

上述情况下，$\vec{a}$ 和 $\vec{b}$ 的点积 $\vec{a} \cdot \vec{b}$ 可以表示为

$$\vec{a} \cdot \vec{b} = (a_1, a_2, \cdots, a_n) \cdot (b_1, b_2, \cdots, b_n)$$
$$= (a_1 b_1 + a_2 b_2 + \cdots + a_n b_n)$$
$$= \sum_{k=1}^{n} a_k b_k$$

计算点积时，两个向量的元素必须相同。也有使用三角函数求点

积的办法，本书将在 4.8 节中对这一方面的内容进行学习。

４②② 实现点积

使用 NumPy 的 dot() 函数，可以很方便地求出点积。也可以用 sum() 函数计算各个元素乘积的总和。下面比较这两种方法（示例 4.6）。

示例 4.6　　计算向量的点积

In

```python
import numpy as np

a = np.array([1, 2, 3])
b = np.array([3, 2, 1])

print("--- dot()函数 ---")
print(np.dot(a, b))  # dot()所计算出的点积
print("--- 积的总和 ---")
print(np.sum(a * b))  # 用积的总和计算出点积
```

Out

```
--- dot()函数 ---
10
--- 积的总和 ---
10
```

可以发现用 dot() 函数和计算积的总和所得到的结果相同。举例来讲，在确定两个向量之间的相关性时就可以利用点积。本书将在第 6 章对相关性进行学习。

４②③ 什么是范数

范数是表示向量"大小"的量。人工智能中经常使用的范数有 L^2 范数和 L^1 范数。

1. L^2 范数

如下面公式所示，用$\|\vec{x}\|_2$来表示 L^2 范数。它代表将向量的每个元素平方后求和，再取该值的平方根。

$$\|\vec{x}\|_2 = \sqrt{x_1^2 + x_2^2 + \cdots + x_n^2}$$
$$= \sqrt{\sum_{k=1}^{n} x_k^2}$$

2. L^1 范数

如下面公式所示，用$\|\vec{x}\|_1$来表示 L^1 范数。它代表计算向量的每个元素的绝对值的和。

$$\|\vec{x}\|_1 = |x_1| + |x_2| + \cdots + |x_n|$$
$$= \sum_{k=1}^{n} |x_k|$$

3. 归纳范数

将某个范数归纳为 L^p 范数后可以表示为如下形式：

$$\|\vec{x}\|_p = (|x_1|^p + |x_2|^p + \cdots + |x_n|^p)^{\frac{1}{p}}$$
$$= \left(\sum_{k=1}^{n} |x_k|^p\right)^{\frac{1}{p}}$$

范数有几种表示方法，在人工智能领域应根据需要来区分使用这些方法。

4.2.4 实现范数

可以使用 NumPy 的 linalg.norm() 函数计算范数（示例 4.7）。

示例 4.7　　使用 linalg.norm() 函数计算范数

In	
	`import numpy as np`

```
a = np.array([1, 1, -1, -1])

print("--- L2范数 ---")
print(np.linalg.norm(a))  # L2范数（默认）
print("--- L1范数 ---")
print(np.linalg.norm(a, 1))  # L1范数
```

Out

```
--- L2范数 ---
2.0
--- L1范数 ---
4.0
```

如上所述，根据范数类型的不同，向量"大小"的值也会发生变化。

范数在人工智能中被用于正则化。所谓正则化，就是通过调节参数来预防人工智能网络的学习超出必要程度（即过度学习）。

4 2 5 练习

问题

在示例4.8中，计算并显示向量 $\vec{a}$ 和向量 $\vec{b}$ 的点积以及向量 $\vec{a}$ 的 L^2 范数和 L^1 范数。

示例 4.8　问题

In

```
import numpy as np

a = np.array([1, -2, 2])
b = np.array([2, -2, 1])

print("--- 点积 ---")
```

```
print("--- L2范数 ---")



print("--- L1范数 ---")
```

4

线性代数

解答示例

示例 4.9　　解答示例

In
```
import numpy as np

a = np.array([1, -2, 2])
b = np.array([2, -2, 1])

print("--- 点积 ---")
print(np.dot(a, b))

print("--- L2范数 ---")
print(np.linalg.norm(a))

print("--- L1范数 ---")
print(np.linalg.norm(a, 1))
```

Out
```
--- 点积 ---
8
--- L2范数 ---
3.0
--- L1范数 ---
5.0
```

4.3 矩阵的积

本节学习如何将矩阵相乘。如果将向量的点积扩展为矩阵，那么它就是矩阵的乘积。计算矩阵的积，是保证人工智能可以进行有效计算的重要操作。

4.3.1 矩阵的积

一般来说，提到计算"矩阵的积"就是指图 4.3 中所演示的这种略显复杂的运算。

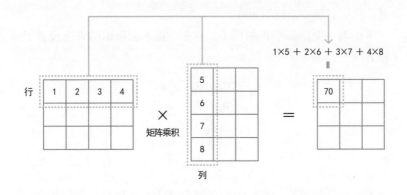

图 4.3　矩阵乘积运算中第 1 行和第 1 列的运算

计算矩阵乘积时，要将前一矩阵中行的各元素与后一矩阵中列的各元素相乘，求和并作为新矩阵的元素。图 4.3 中进行的是左侧矩阵第 1 行和右侧矩阵第 1 列的运算，而图 4.4 进行的是左侧矩阵第 1 行和右侧矩阵第 2 列的运算。

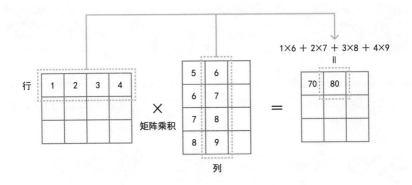

图 4.4 矩阵乘积中第 1 行和第 2 列的运算

如此，就可以对左侧矩阵中的所有行和右侧矩阵中的所有列进行运算，从而创建一个新的矩阵。

下面看一个矩阵乘积的例子。首先，按下面所示的方法设置矩阵 A 和 B：

$$A = \begin{pmatrix} a_{11} & a_{12} & a_{13} \\ a_{21} & a_{22} & a_{23} \end{pmatrix}$$

$$B = \begin{pmatrix} b_{11} & b_{12} \\ b_{21} & b_{22} \\ b_{31} & b_{32} \end{pmatrix}$$

A 是 2×3 的矩阵，B 是 3×2 的矩阵。这样，A 和 B 的乘积如下所示：

$$AB = \begin{pmatrix} a_{11} & a_{12} & a_{13} \\ a_{21} & a_{22} & a_{23} \end{pmatrix} \begin{pmatrix} b_{11} & b_{12} \\ b_{21} & b_{22} \\ b_{31} & b_{32} \end{pmatrix}$$

$$= \begin{pmatrix} a_{11}b_{11} + a_{12}b_{21} + a_{13}b_{31} & a_{11}b_{12} + a_{12}b_{22} + a_{13}b_{32} \\ a_{21}b_{11} + a_{22}b_{21} + a_{23}b_{31} & a_{21}b_{12} + a_{22}b_{22} + a_{23}b_{32} \end{pmatrix}$$

$$= \begin{pmatrix} \sum_{k=1}^{3} a_{1k}b_{k1} & \sum_{k=1}^{3} a_{1k}b_{k2} \\ \sum_{k=1}^{3} a_{2k}b_{k1} & \sum_{k=1}^{3} a_{2k}b_{k2} \end{pmatrix}$$

最后将 A 中每一行的元素和 B 中每一列的元素相乘并求和，并将结果作为新矩阵的元素。

上述的矩阵乘积计算中出现了求和符号$\sum$，这是因为矩阵乘积常常活跃于积的求和计算中。人工智能学习中会频繁地计算积的总和，因此矩阵乘积的学习必不可少。

４３２ 矩阵乘积的数值计算

下面试着进行数值计算，思考A、B两个矩阵：

$$A = \begin{pmatrix} 0 & 1 & 2 \\ 1 & 2 & 3 \end{pmatrix}$$

$$B = \begin{pmatrix} 2 & 1 \\ 2 & 1 \\ 2 & 1 \end{pmatrix}$$

可以按如下方式计算它们的矩阵乘积：

$$AB = \begin{pmatrix} 0 & 1 & 2 \\ 1 & 2 & 3 \end{pmatrix} \begin{pmatrix} 2 & 1 \\ 2 & 1 \\ 2 & 1 \end{pmatrix}$$

$$= \begin{pmatrix} 0\times2+1\times2+2\times2 & 0\times1+1\times1+2\times1 \\ 1\times2+2\times2+3\times2 & 1\times1+2\times1+3\times1 \end{pmatrix}$$

$$= \begin{pmatrix} 6 & 3 \\ 12 & 6 \end{pmatrix}$$

与标量的乘积不同，在矩阵乘积中，除非满足特定条件，否则不能在前矩阵和后矩阵之间进行交换。而且，计算矩阵积时，前一个矩阵的列数和后一个矩阵的行数必须一致。例如，假设前一个矩阵的列数为3，则后一个矩阵的行数必须也为3。

４３３ 矩阵乘积的归纳

可以将矩阵乘积归纳为一般化的形式。下面描述的是$1 \times m$矩阵A和$m \times n$矩阵B的矩阵乘积：

$$AB = \begin{pmatrix} a_{11} & a_{12} & \dots & a_{1m} \\ a_{21} & a_{22} & \dots & a_{2m} \\ \vdots & \vdots & \ddots & \vdots \\ a_{l1} & a_{l2} & \dots & a_{lm} \end{pmatrix} \begin{pmatrix} b_{11} & b_{12} & \dots & b_{1n} \\ b_{21} & b_{22} & \dots & b_{2n} \\ \vdots & \vdots & \ddots & \vdots \\ b_{m1} & b_{m2} & \dots & b_{mn} \end{pmatrix}$$

$$= \begin{pmatrix} \sum_{k=1}^{m} a_{1k}b_{k1} & \sum_{k=1}^{m} a_{1k}b_{k2} & \dots & \sum_{k=1}^{m} a_{1k}b_{kn} \\ \sum_{k=1}^{m} a_{2k}b_{k1} & \sum_{k=1}^{m} a_{2k}b_{k2} & \dots & \sum_{k=1}^{m} a_{2k}b_{kn} \\ \vdots & \vdots & \ddots & \vdots \\ \sum_{k=1}^{m} a_{lk}b_{k1} & \sum_{k=1}^{m} a_{lk}b_{k2} & \dots & \sum_{k=1}^{m} a_{lk}b_{kn} \end{pmatrix}$$

4 3 4 矩阵的实现

虽然矩阵乘积需要通过将所有的行与列进行组合计算获得，看起来非常麻烦，不过使用 NumPy 的 dot() 函数，其实可以非常简单地获得矩阵乘积（示例 4.10）。

示例 4.10 使用 NumPy 计算矩阵乘积

In

```python
import numpy as np

a = np.array([[0, 1, 2],
              [1, 2, 3]])

b = np.array([[2, 1],
              [2, 1],
              [2, 1]])

print(np.dot(a, b))
```

Out

```
[[ 6  3]
 [12  6]]
```

④③⑤ 各元素的积（哈达玛积）

矩阵中每个元素的乘积也被称为哈达玛积，它会将矩阵中的每个元素相乘。来看下面的 A、B 两个矩阵：

$$A = \begin{pmatrix} a_{11} & a_{12} & \cdots & a_{1n} \\ a_{21} & a_{22} & \cdots & a_{2n} \\ \vdots & \vdots & \ddots & \vdots \\ a_{m1} & a_{m2} & \cdots & a_{mn} \end{pmatrix}$$

$$B = \begin{pmatrix} b_{11} & b_{12} & \cdots & b_{1n} \\ b_{21} & b_{22} & \cdots & b_{2n} \\ \vdots & \vdots & \ddots & \vdots \\ b_{m1} & b_{m2} & \cdots & b_{mn} \end{pmatrix}$$

这些矩阵中每个元素的乘积可以用运算符 ∘ 表示如下：

$$A \circ B = \begin{pmatrix} a_{11}b_{11} & a_{12}b_{12} & \cdots & a_{1n}b_{1n} \\ a_{21}b_{21} & a_{22}b_{22} & \cdots & a_{2n}b_{2n} \\ \vdots & \vdots & \ddots & \vdots \\ a_{m1}b_{m1} & a_{m2}b_{m2} & \cdots & a_{mn}b_{mn} \end{pmatrix}$$

例如，当下面这种情况出现时

$$A = \begin{pmatrix} 0 & 1 & 2 \\ 3 & 4 & 5 \\ 6 & 7 & 8 \end{pmatrix}$$

$$B = \begin{pmatrix} 0 & 1 & 2 \\ 2 & 0 & 1 \\ 1 & 2 & 0 \end{pmatrix}$$

A 与 B 各元素之间的积的计算如下所示：

$$A \circ B = \begin{pmatrix} 0 \times 0 & 1 \times 1 & 2 \times 2 \\ 3 \times 2 & 4 \times 0 & 5 \times 1 \\ 6 \times 1 & 7 \times 2 & 8 \times 0 \end{pmatrix}$$

$$= \begin{pmatrix} 0 & 1 & 4 \\ 6 & 0 & 5 \\ 6 & 14 & 0 \end{pmatrix}$$

如上所示，各个元素的积比矩阵乘积更加简单。

4 3 6 实现各元素的积

如示例 4.11，可以使用 NumPy 来实现各元素乘积的计算。各元素乘积的计算，需要使用标量乘积的运算符 *。

示例 4.11   使用 NumPy 计算各元素乘积

In
```
import numpy as np

a = np.array([[0, 1, 2],
              [3, 4, 5],
              [6, 7, 8]])

b = np.array([[0, 1, 2],
              [2, 0, 1],
              [1, 2, 0]])

print(a*b)
```

Out
```
[[ 0  1  4]
 [ 6  0  5]
 [ 6 14  0]]
```

计算各元素乘积时，数组的形状必须相同。需要使用 + 表示每个元素的和，使用 − 表示每个元素的差，使用 / 表示每个元素间的除法运算。

4 3 7 练习

问题

请计算示例 4.12 中，矩阵 *a* 和矩阵 *b* 的矩阵乘积以及矩阵 *c* 和矩阵 *d* 的每个元素的乘积。

示例 4.12　　问题

In
```
import numpy as np

a = np.array([[0, 1, 2],
              [1, 2, 3]])

b = np.array([[0, 1],
              [1, 2],
              [2, 3]])

# 矩阵乘积


c = np.array([[0, 1, 2],
              [3, 4, 5],
              [6, 7, 8]])

d = np.array([[0, 2, 0],
              [2, 0, 2],
              [0, 2, 0]])

# 每个元素的乘积
```

解答示例

示例 4.13　　解答示例

In
```
...
# 矩阵乘积
```

```
print(np.dot(a, b))

print()

c = np.array([[0, 1, 2],
              [3, 4, 5],
              [6, 7, 8]])

d = np.array([[0, 2, 0],
              [2, 0, 2],
              [0, 2, 0]])

# 每个元素的乘积
print(c*d)
```

Out
```
[[ 5  8]
 [ 8 14]]

[[ 0  2  0]
 [ 6  0 10]
 [ 0 14  0]]
```

4.4 转置

可以通过转置来交换矩阵的行和列。人工智能的代码中会频繁使用转置操作。

4.4.1 什么是转置

在对矩阵的重要操作中,有一种操作是转置。通过转置矩阵,可以交换矩阵的行和列。下面是转置的例子,该例中把经过转置的矩阵

A 表示为 A^{T}。

$$A = \begin{pmatrix} 1 & 2 & 3 \\ 4 & 5 & 6 \end{pmatrix}$$

$$A^{\mathrm{T}} = \begin{pmatrix} 1 & 4 \\ 2 & 5 \\ 3 & 6 \end{pmatrix}$$

$$B = \begin{pmatrix} a & b \\ c & d \\ e & f \end{pmatrix}$$

$$B^{\mathrm{T}} = \begin{pmatrix} a & c & e \\ b & d & f \end{pmatrix}$$

4 4 2 实现转置

在 NumPy 中，如果在表示矩阵的数组名称后面加上"T"，那么该矩阵将被转置（示例 4.14）。

示例 4.14　　转置矩阵

In
```
import numpy as np

a = np.array([[1, 2, 3],
              [4, 5, 6]])  # 矩阵


print(a.T)  # 转置
```

Out
```
[[1 4]
 [2 5]
 [3 6]]
```

可以发现矩阵的行和列已经被交换。

4.4.3 矩阵乘积与转置

在矩阵乘积中，前面矩阵的列数和后面矩阵的行数必须保持一致。然而利用转置，即使两者不匹配，也有可能取得矩阵乘积。

看一下图 4.5 所示的 $l \times n$ 的矩阵 $\boldsymbol{A}$ 和 $m \times n$ 的矩阵 $\boldsymbol{B}$。假设 $n \neq m$。

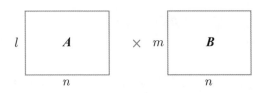

图 4.5　无法取得矩阵乘积的例子

在图 4.5 所示的情况下，矩阵 $\boldsymbol{A}$ 的列数为 n，矩阵 $\boldsymbol{B}$ 的行数为 m，因此不能进行矩阵乘积计算。但是，如图 4.6 所示，通过转置矩阵 $\boldsymbol{B}$，就可以取得矩阵乘积。

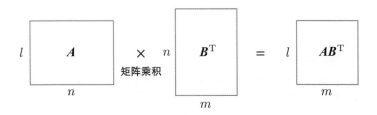

图 4.6　转置后可进行矩阵乘积计算

矩阵 $\boldsymbol{A}$ 的列数和矩阵 $\boldsymbol{B}^{\mathrm{T}}$ 的行数变得相等，因此可以计算矩阵乘积。

4.4.4 转置与矩阵乘积的实现

示例 4.15 是一个通过转置 NumPy 数组来计算矩阵乘积的示例。在数组名称后添加 "T" 可生成转置矩阵。

示例 4.15　　转置后进行矩阵乘积计算

In

```
import numpy as np


a = np.array([[0, 1, 2],
              [1, 2, 3]]) # 2×3矩阵
b = np.array([[0, 1, 2],
              [1, 2, 3]]) # 2×3矩阵,这种形态下无法 ⇨
# 计算矩阵乘积

# print(np.dot(a, b))   # 不转置而求矩阵乘积时会报错
print(np.dot(a, b.T))   # 转置后可以计算矩阵乘积
```

Out

```
[[ 5  8]
 [ 8 14]]
```

在示例 4.15 的代码中,通过对矩阵 *b* 进行转置,使行数变为 3,与矩阵 *a* 的列数一致,从而可以进行矩阵乘积的计算。

④④⑤ 练习

问题

请在示例 4.16 的代码中将矩阵 *a* 或矩阵 *b* 转置,以计算矩阵 *a* 和矩阵 *b* 的矩阵乘积。

示例 4.16　　问题

In

```
import numpy as np


a = np.array([[0, 1, 2],
              [1, 2, 3]])
```

```
b = np.array([[0, 1, 2],
              [2, 3, 4]])

# 矩阵乘积
```

解答示例

　　解答示例

In
```
import numpy as np

a = np.array([[0, 1, 2],
              [1, 2, 3]])
b = np.array([[0, 1, 2],
              [2, 3, 4]])

# 矩阵乘积
print(np.dot(a, b.T))
```

Out
```
[[ 5 11]
 [ 8 20]]
```

4.5 行列式与逆矩阵

　　可以使用行列式计算出矩阵的逆矩阵。使用逆矩阵，可以对矩阵的方程式进行求解等操作。

④⑤① 什么是单位矩阵

　　举例来说，下面所示矩阵就是一个单位矩阵。

$$\begin{pmatrix} 1 & 0 \\ 0 & 1 \end{pmatrix}$$

$$\begin{pmatrix} 1 & 0 & 0 \\ 0 & 1 & 0 \\ 0 & 0 & 1 \end{pmatrix}$$

$$\begin{pmatrix} 1 & 0 & \dots & 0 \\ 0 & 1 & \dots & 0 \\ \vdots & \vdots & \ddots & \vdots \\ 0 & 0 & \dots & 1 \end{pmatrix}$$

单位矩阵的行数和列数相等，从左上角到右下角元素为 1，其余元素为 0。

单位矩阵的特征是，即使用矩阵乘积在矩阵的前后进行相乘，也不会使该矩阵发生变化。下面用 E 表示一个 2×2 的单位矩阵，而在对另一个 2×2 的矩阵 A 的前后用单位矩阵 E 相乘，矩阵 A 并不会改变。

$$E = \begin{pmatrix} 1 & 0 \\ 0 & 1 \end{pmatrix}$$

$$A = \begin{pmatrix} a & b \\ c & d \end{pmatrix}$$

$$EA = \begin{pmatrix} 1 & 0 \\ 0 & 1 \end{pmatrix}\begin{pmatrix} a & b \\ c & d \end{pmatrix} = \begin{pmatrix} a & b \\ c & d \end{pmatrix}$$

$$AE = \begin{pmatrix} a & b \\ c & d \end{pmatrix}\begin{pmatrix} 1 & 0 \\ 0 & 1 \end{pmatrix} = \begin{pmatrix} a & b \\ c & d \end{pmatrix}$$

无论单位矩阵是 3×3 还是 4×4，在矩阵前后进行乘法计算后矩阵不发生变化这一性质都是相同的。综上所述，单位矩阵具有与相同大小的矩阵进行相乘后，不使被乘的对象矩阵发生变化的性质。

4.5.2 实现单位矩阵

在 NumPy 中，可以使用 eye() 函数创建单位矩阵。被传递给 eye() 函数的参数表示单位矩阵的大小（示例 4.18）。

In

```
import numpy as np

print(np.eye(2))  # 2 × 2的单位矩阵
print()
print(np.eye(3))  # 3 × 3的单位矩阵
print()
print(np.eye(4))  # 4 × 4的单位矩阵
```

Out

```
[[1. 0.]
 [0. 1.]]

[[1. 0. 0.]
 [0. 1. 0.]
 [0. 0. 1.]]

[[1. 0. 0. 0.]
 [0. 1. 0. 0.]
 [0. 0. 1. 0.]
 [0. 0. 0. 1.]]
```

可以发现矩阵中 1 从左上角排列到右下角，其余元素均为 0。

4 5 3 什么是逆矩阵

如下所示，一个数值乘以其倒数将得到 1：

$$3 \times \frac{1}{3} = 1$$

$$21 \times \frac{1}{21} = 1$$

与标量相同，矩阵中同样存在可以令某个矩阵相乘后得到单位矩阵的概念。这样的矩阵被称为逆矩阵。

如果将矩阵 A 的逆矩阵表示为 A^{-1}，那么 A 和 A^{-1} 的关系可以表示如下：

$$A^{-1}A = AA^{-1} = E$$

不过在这种情况下，A 必须是行数和列数相等的正方矩阵。

例如，以下两个矩阵 C 和 D，无论按哪个顺序计算矩阵乘积，都会变成单位矩阵，因此它们相互为逆矩阵的关系。

$$C = \begin{pmatrix} 1 & 1 \\ 1 & 2 \end{pmatrix} \quad D = \begin{pmatrix} 2 & -1 \\ -1 & 1 \end{pmatrix}$$

$$CD = DC = \begin{pmatrix} 1 & 0 \\ 0 & 1 \end{pmatrix}$$

4.5.4 什么是行列式

对于某些矩阵，可能不存在逆矩阵。行列式可以用来确定某个矩阵是否存在逆矩阵。

观察下面的矩阵 A：

$$A = \begin{pmatrix} a & b \\ c & d \end{pmatrix}$$

用 $|A|$ 或者 $\det A$ 来代表行列式，它的公式可以表示如下：

$$|A| = \det A = ad - bc$$

如果行列式为 0，则该矩阵不存在逆矩阵。例如，下面的这个矩阵 $1 \times 4 - 2 \times 3 = -2$，因此存在逆矩阵。

$$A = \begin{pmatrix} 1 & 2 \\ 3 & 4 \end{pmatrix}$$

而下面的这个矩阵的行列式为 $1 \times 0 - 2 \times 0 = 0$，所以不存在逆矩阵。

$$A = \begin{pmatrix} 1 & 2 \\ 0 & 0 \end{pmatrix}$$

当某矩阵存在逆矩阵时，可以通过以下公式求得逆矩阵：

$$A^{-1} = \frac{1}{ad - bc}\begin{pmatrix} d & -b \\ -c & a \end{pmatrix}$$

4.5.5 实现行列式

NumPy 的 linalg.det() 函数可用于计算行列式（示例 4.19）。

示例 4.19　使用 linalg.det() 函数计算行列式

In
```
import numpy as np

a = np.array([[1, 2],
              [3, 4]])
print(np.linalg.det(a))   # 行列式不为0的情况

b = np.array([[1, 2],
              [0, 0]])
print(np.linalg.det(b))   # 行列式为0的情况
```

Out
```
-2.0000000000000004
0.0
```

4.5.6 实现逆矩阵

存在逆矩阵的情况时，可以通过 NumPy 的 linalg.inv() 函数来获得逆矩阵（示例 4.20）。

示例 4.20　使用 linalg.inv() 函数得到逆矩阵

In
```
import numpy as np
```

```
a = np.array([[1, 2],
              [3, 4]])
print(np.linalg.inv(a))  # 逆矩阵

b = np.array([[1, 2],
              [0, 0]])
# print(np.linalg.inv(b))  # 由于不存在逆矩阵，因此会出
# 现错误
```

Out

```
[[-2.   1. ]
 [ 1.5 -0.5]]
```

在手动计算行数、列数较多的正方矩阵的逆矩阵时，会使用高斯消元法、拉普拉斯法等方法，但这些方法有些复杂。如果使用 NumPy 的 linalg.inv() 函数，就可以很轻松地获得逆矩阵。

逆矩阵通常被用于人工智能中变量之间相关性的回归分析。

④⑤⑦ 练习

问题

在示例 4.21 中计算矩阵 *a* 的行列式，如果存在逆矩阵，则计算逆矩阵。

示例 4.21　问题

In

```
import numpy as np

a = np.array([[1, 1],
              [1, 2]])

# 行列式
```

```
# 逆矩阵
```

示例 4.22   解答示例

In
```
import numpy as np

a = np.array([[1, 1],
              [1, 2]])

# 行列式
print(np.linalg.det(a))

print()
# 逆矩阵
print(np.linalg.inv(a))
```

Out
```
1.0

[[ 2. -1.]
 [-1.  1.]]
```

4.6　线性变换

　　可以使用线性变换来转换向量。在人工智能领域中，线性变换通常被用于神经网络中传播信息。

4 6 1 绘制矢量

可以用箭头来绘制下面的垂直向量：

$$\vec{a} = \begin{pmatrix} 2 \\ 3 \end{pmatrix}$$

要绘制箭头，可以使用 matplotlib.pyplot 中的 quiver() 函数。quiver() 函数的设置方法请参考语法 4.1。

语法 4.1

quiver(起点的x坐标，起点的y坐标，箭头的x分量，箭头的y分量，
      angles=决定箭头角度的方法，scale_units=缩放单位，⇨
scale=比例，color=箭头颜色)

用箭头的 x 分量和 y 分量来表示向量（示例 4.23）。本例请先不要在意 angles、scale_uits、scale 这几个语法。

示例 4.23　　用箭头绘制向量

In

```
%matplotlib inline

import numpy as np
import matplotlib.pyplot as plt

# 绘制箭头的函数
def arrow(start, size, color):
    plt.quiver(start[0], start[1], size[0], size[1], ⇨
angles="xy", scale_units="xy", scale=1, color=color)
# 箭头的起点
s = np.array([0, 0])   # 原点


# 向量
a = np.array([2, 3])   # 显示垂直向量
```

```
arrow(s, a, color="black")

# 用图表进行显示
plt.xlim([-3,3])  # x的显示范围
plt.ylim([-3,3])  # y的显示范围
plt.xlabel("x", size=14)
plt.ylabel("y", size=14)
plt.grid()
plt.axes().set_aspect("equal")  # 令纵横比一致
plt.show()
```

Out

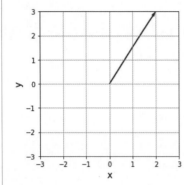

将向量绘制成了一个以原点为起点的箭头。

 线性变换

观察下面的矩阵 A。

$$A = \begin{pmatrix} 2 & -1 \\ 2 & -2 \end{pmatrix}$$

如下所示，可以通过将矩阵 A 与垂直向量 $\vec{a}$ 相乘来转换向量：

$$\vec{b} = A\vec{a} = \begin{pmatrix} 2 & -1 \\ 2 & -2 \end{pmatrix}\begin{pmatrix} 2 \\ 3 \end{pmatrix} = \begin{pmatrix} 1 \\ -2 \end{pmatrix}$$

如上所示，利用矩阵 A 将向量 $\vec{a}$ 转换成了 $\vec{b}$。

这种向量到向量的转换就被称为线性变换。

让我们用示例 4.24 中的方法，用箭头绘制出变换前的 $\vec{a}$ 和变换后的 $\vec{b}$ 的图像。

示例 4.24　对向量进行线性变换

In

```
import numpy as np
import matplotlib.pyplot as plt

a = np.array([2, 3])  # 变换前的向量

A = np.array([[2, -1],
              [2, -2]])

b = np.dot(A, a)  # 线性变换

print("变换前的向量（a）:", a)
print("变换后的向量（b）:", b)

def arrow(start, size, color):
    plt.quiver(start[0], start[1], size[0], size[1], ⇨
angles="xy", scale_units="xy", scale=1, color=color)

s = np.array([0, 0])  # 原点

arrow(s, a, color="black")
arrow(s, b, color="blue")

# 显示图表
```

```
plt.xlim([-3,3])    # x的显示范围
plt.ylim([-3,3])    # y的显示范围
plt.xlabel("x", size=14)
plt.ylabel("y", size=14)
plt.grid()
plt.axes().set_aspect("equal")   # 令纵横比一致
plt.show()
```

Out

变换前的向量（a）：[2 3]
变换后的向量（b）：[1 -2]

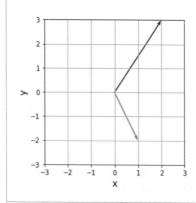

利用矩阵 A，把用黑色箭头表示的 $\vec{a}$，变换成了用蓝色箭头表示的 $\vec{b}$。

4·6·3 标准基底

下面的 $\vec{e}_x$ 与 $\vec{e}_y$，被称作标准基底：

$$\overrightarrow{e_x} = \begin{pmatrix} 1 \\ 0 \end{pmatrix}$$

$$\overrightarrow{e_y} = \begin{pmatrix} 0 \\ 1 \end{pmatrix}$$

此时，$\vec{a}$ 可以表示如下：

$$\vec{a} = \begin{pmatrix} 2 \\ 3 \end{pmatrix} = 2 \begin{pmatrix} 1 \\ 0 \end{pmatrix} + 3 \begin{pmatrix} 0 \\ 1 \end{pmatrix} = 2\vec{e_x} + 3\vec{e_y}$$

如上所述，可以将向量表示为标准基底和常数的乘积之和。
示例 4.25 中绘制的是标准基底的图像。

示例 4.25　　绘制向量与标准基底的图像

In

```
import numpy as np
import matplotlib.pyplot as plt


a = np.array([2, 3])
e_x = np.array([1, 0])   # 标准基底
e_y = np.array([0, 1])   # 标准基底


print("a:", a)
print("e_x:", e_x)
print("e_y:", e_y)


def arrow(start, size, color):
    plt.quiver(start[0], start[1], size[0], size[1], ⇨
angles="xy", scale_units="xy", scale=1, color=color)


s = np.array([0, 0])   # 原点


arrow(s, a, color="blue")
arrow(s, e_x, color="black")
arrow(s, e_y, color="black")


# 显示图表
plt.xlim([-3,3])   # x的显示范围
```

```
plt.ylim([-3,3])  # y的显示范围
plt.xlabel("x", size=14)
plt.ylabel("y", size=14)
plt.grid()
plt.axes().set_aspect("equal")  # 令纵横比一致
plt.show()
```

Out

```
a: [2 3]
e_x: [1 0]
e_y: [0 1]
```

蓝色箭头的向量，是通过将黑色向量的标准基底与常量相乘并将积求和后表示得来的。

下面用标准基底来归纳并表示向量。

具有 m 个元素的 $\vec{a}$ 可以使用标准基表示如下：

$$\vec{a} = \sum_{j=1}^{m} r_j \vec{e_j}$$

其中 r_j 是常量，$\vec{e_j}$ 是每个元素的标准基底。

用下面的 $n \times m$ 矩阵 A 对该向量进行线性变换。

$$A = \begin{pmatrix} a_{11} & a_{12} & \dots & a_{1m} \\ a_{21} & a_{22} & \dots & a_{2m} \\ \vdots & \vdots & \ddots & \vdots \\ a_{n1} & a_{n2} & \dots & a_{nm} \end{pmatrix}$$

$$\vec{b} = A\vec{a}$$

变换所生成的 $\vec{b}$ 可以使用标准基底表示如下：

$$\vec{b} = \sum_{k=1}^{n} s_k \vec{e_k}$$

$$s_k = \sum_{j=1}^{m} r_j a_{kj}$$

s_k 是用来与 $\vec{b}$ 的每个标准基底相乘的常数。

如上所述，$\vec{b}$ 的每个元素都以乘积之和的形式被表示出来。利用这种线性变换的性质，神经网络可以对模拟神经元的多个输入加权的总和进行计算。

如果 $n = m$，则矩阵 A 为正方矩阵，但如果 A 不是正方矩阵，则向量的元素数会因线性变换而变化。

在下面的示例中，线性变换将向量元素的数目从 2 变成了 3。

$$\begin{pmatrix} 2 & -1 \\ 2 & -2 \\ -1 & 2 \end{pmatrix} \begin{pmatrix} 2 \\ 3 \end{pmatrix} = \begin{pmatrix} 1 \\ -2 \\ 4 \end{pmatrix}$$

④⑥④ 练习

问题

请补全示例 4.26 中单元格里的代码，并在矩阵 A 中对 $\vec{a}$ 进行线性变换，然后用箭头在图表上显示 $\vec{a}$ 和转换后的 $\vec{b}$。

```
In
import numpy as np
import matplotlib.pyplot as plt

a = np.array([1, 3])  # 变换前的向量

A = np.array([[1, -1],
              [2, -1]])
b =                     # 线性变换

print("a:", a)
print("b:", b)

def arrow(start, size, color):
    plt.quiver(start[0], start[1], size[0], size[1], ⇨
angles="xy", scale_units="xy", scale=1, color=color)
s = np.array([0, 0])  # 原点

arrow(s, a, color="black")
arrow(s, b, color="blue")

# 显示图表
plt.xlim([-3,3])  # x的显示范围
plt.ylim([-3,3])  # y的显示范围
plt.xlabel("x", size=14)
plt.ylabel("y", size=14)
plt.grid()
plt.axes().set_aspect("equal")  # 令纵横比一致
plt.show()
```

解答示例

示例 4.27　　解答示例

In
```
import numpy as np
import matplotlib.pyplot as plt

a = np.array([1, 3])   # 变换前的向量
A = np.array([[1, -1],
              [2, -1]])
b = np.dot(A, a)    # 线性变换

print("a:", a)
print("b:", b)

...
```

Out
```
a: [1 3]
b: [-2 -1]
```

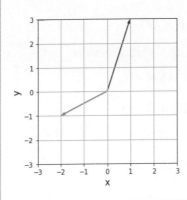

4.7 特征值和特征向量

特征值和特征向量是处理矩阵时经常出现的重要概念。在人工智能领域，这些概念经常被用于汇总数据的主成分分析方法中。

4.7.1 什么是特征值、特征向量

下面介绍正方矩阵（行数和列数相等的矩阵）A。

矩阵 A 中，满足以下关系的标量 λ 被称为矩阵 A 的特征值，$\vec{x}$ 则被称为矩阵 A 的特征向量。

$$A\vec{x} = \lambda\vec{x} \tag{4-1}$$

从公式中可以看出，特征向量是通过线性变换将每个元素与特征值相乘所得到的向量。

接下来，观察下面例子中的单位矩阵 E：

$$E = \begin{pmatrix} 1 & 0 \\ 0 & 1 \end{pmatrix}$$

由于向量与单位矩阵相乘之后并不会发生变化，因此式（4-1）还可以表示如下：

$$A\vec{x} = \lambda E\vec{x}$$

将此等式等号右侧移项至左侧可得到以下等式：

$$(A - \lambda E)\vec{x} = \vec{0} \tag{4-2}$$

右侧为 $\vec{0}$，表示所有元素都为 0 的向量。

此时，假设矩阵 $(A - \lambda E)$ 具有逆矩阵，从左侧起对式（4-2）的两侧均乘以逆矩阵 $(A - \lambda E)^{-1}$，

$$\begin{aligned} \vec{x} &= (A - \lambda E)^{-1}\vec{0} \\ &= \vec{0} \end{aligned}$$

可以得到 $\vec{x}$ 与 $\vec{0}$ 相等的结果。

这个解并不十分巧妙，所以下面来思考一下矩阵 $(A - \lambda E)$ 没有逆矩阵的情况。

此时，将满足以下关系：

$$\det(A - \lambda E) = 0 \qquad （4-3）$$

这个方程式被称为矩阵 A 的特征方程。

4 7 2 求特征值和特征向量

下面计算矩阵 A 的特征值：

$$A = \begin{pmatrix} 3 & 1 \\ 2 & 4 \end{pmatrix}$$

可以使用式（4-3）来计算矩阵 A 的特征值，方法如下：

$$\det(A - \lambda E) = 0$$

$$\det\left(\begin{pmatrix} 3 & 1 \\ 2 & 4 \end{pmatrix} - \lambda \begin{pmatrix} 1 & 0 \\ 0 & 1 \end{pmatrix} \right) = 0$$

$$\det\begin{pmatrix} 3 - \lambda & 1 \\ 2 & 4 - \lambda \end{pmatrix} = 0$$

$$(3 - \lambda)(4 - \lambda) - 1 \times 2 = 0$$

$$\lambda^2 - 7\lambda + 10 = 0$$

$$(\lambda - 2)(\lambda - 5) = 0$$

在这种情况下，特征值为 2 或 5。

接下来，确定特征向量。

下面将分 $\lambda=2$ 和 $\lambda=5$ 两种情况来进行计算。

在 $\lambda=2$ 的情况下，假设 $\vec{x}$ 如下所示：

$$\vec{x} = \begin{pmatrix} p \\ q \end{pmatrix}$$

通过式（4-2），可以计算出它的特征向量如下：

$$(A - 2E)\begin{pmatrix} p \\ q \end{pmatrix} = \vec{0}$$

$$\begin{pmatrix} 3-2 & 1 \\ 2 & 4-2 \end{pmatrix}\begin{pmatrix} p \\ q \end{pmatrix} = \vec{0}$$

$$\begin{pmatrix} 1 & 1 \\ 2 & 2 \end{pmatrix}\begin{pmatrix} p \\ q \end{pmatrix} = \vec{0}$$

$$\begin{pmatrix} p+q \\ 2p+2q \end{pmatrix} = \vec{0}$$

此时，$p + q = 0$。

满足此条件的向量如下式所示，在 $\lambda = 2$ 时，该向量是 A 的特征向量。t 可以是任意实数。

$$\vec{x} = \begin{pmatrix} t \\ -t \end{pmatrix}$$

如果 $\lambda = 5$，也可以用同样的方法验证 $2p - q = 0$。

而下面的这个可以满足该条件的向量，在 $\lambda = 5$ 时就成为 A 的特征向量。此处的 t 可以是任意实数。

$$\vec{x} = \begin{pmatrix} t \\ 2t \end{pmatrix}$$

④⑦③ 特征值和特征向量的计算

NumPy 中的 linalg.eig() 函数允许同时计算特征值和特征向量（示例 4.28）。

示例 4.28　使用 linalg.eig() 函数确定特征值和特征向量

In

```
import numpy as np

a = np.array([[3, 1],
              [2, 4]])
```

```
ev = np.linalg.eig(a)    # 同时计算特征值和特征向量

print(ev[0])    # 最初的元素为特征值

print()

print(ev[1])    # 接下来的元素为特征向量
```

Out

```
[2. 5.]

[[-0.70710678 -0.4472136 ]
 [ 0.70710678 -0.89442719]]
```

linalg.eig() 函数的结果是两个数组，其中第一个数组包含特征值，第二个数组包含特征向量。在示例 4.28 中，可以得到 2 和 5 两个特征值。

我们会得到矩阵形式的特征向量。矩阵中的每个"列"表示一个特征向量。此时，每个特征向量的 L^2 范数为 1。而像这种 L^2 范数为 1 的向量被称为单位向量。所以 NumPy 的 linnalg.eig() 函数会以单位向量形式返回特征向量。

④⑦④ 练习

请用示例 4.29 中的代码，计算矩阵 a 的特征值和特征向量。

示例 4.29   问题

In

```
import numpy as np

a = np.array([[-2, 4],
              [-1, 3]])
```

```
ev =

print(ev[0])  # 特征值

print()

print(ev[1])  # 特征向量
```

解答示例

示例 4.30   解答示例

In
```
...

ev = np.linalg.eig(a)

...
```

Out
```
[-1.  2.]

[[-0.9701425  -0.70710678]
 [-0.24253563 -0.70710678]]
```

4.8 余弦相似度

余弦相似度表示向量方向的接近度。

4.8.1 用范数和三角函数表示点积

观察下面这两个元素数为 2 的向量（二维向量）：

$$\vec{a} = (a_1, a_2)$$

$$\vec{b} = (b_1, b_2)$$

如图 4.7 所示，用 θ 表示这些向量之间的角度。

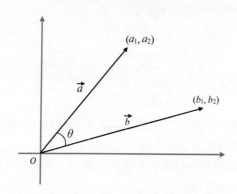

图 4.7　2 个向量间的夹角

如下所示，在之前的章节中，将点积定义为各要素乘积的总和：

$$\vec{a} \cdot \vec{b} = a_1 b_1 + a_2 b_2$$

实际上也可以通过如下所示的方法，使用三角函数和 L^2 范数求出这里的点积：

$$\vec{a} \cdot \vec{b} = \| \vec{a} \|_2 \| \vec{b} \|_2 \cos\theta = \sqrt{a_1^2 + a_2^2} \sqrt{b_1^2 + b_2^2} \cos\theta$$

> **⚠ ATTENTION**
>
> **余弦定理**
>
> 使用余弦定理可以证明上述计算的正确性。

如下所示，可以利用该关系计算 $\cos\theta$ 的值：

$$\cos\theta = \frac{a_1 b_1 + a_2 b_2}{\sqrt{a_1^2 + a_2^2} \sqrt{b_1^2 + b_2^2}}$$

当向量之间的角度为 0 时，$\cos\theta$ 的值为最大值，当角度 θ 变大时，$\cos\theta$ 的值变小。因此，这个 $\cos\theta$ 的值表示的是"两个向量方向的对齐程度"。

虽然到本节为止，接触的都是二维向量，不过从现在起可以将计算范围扩展到如下所示的 n 维向量。

$$\cos\theta = \frac{\sum_{k=1}^{n} a_k b_k}{\sqrt{\sum_{k=1}^{n} a_k^2}\sqrt{\sum_{k=1}^{n} b_k^2}} = \frac{\vec{a} \cdot \vec{b}}{\|\vec{a}\|_2 \|\vec{b}\|_2}$$

在二维向量的情况下，可以想象出 2 个向量所形成角度，那 n 维向量之间形成的角度又意味着什么呢？

虽然很难用图形来想象这个概念，但与二维向量一样，可以认为这是向量方向一致程度的指标。

上述的 $\cos\theta$ 被称为**余弦相似度**，它作为衡量 2 个向量的方向一致程度的指标，经常被使用在人工智能中。

在人工智能处理日语和英语等自然语言时，经常用向量来表示单词。余弦相似度则被用于表示这些单词之间的关系。

④·⑧·② 计算余弦相似度

需要使用点积和范数来计算余弦相似度。NumPy 的 dot() 函数被用于计算点积，而 linalg.norm() 函数则被用于计算范数（示例 4.31）。

示例 4.31　计算余弦相似度

```
In    import numpy as np

      def cos_sim(vec_1, vec_2):
          return np.dot(vec_1, vec_2) / (np.linalg.norm(vec_1) *
      np.linalg.norm(vec_2))


      a = np.array([2, 2, 2, 2])
```

```
b = np.array([1, 1, 1, 1])        # 与a方向相同
c = np.array([-1, -1, -1, -1])    # 与a方向相反

print("--- a与b的余弦相似度 ----")
print(cos_sim(a, b))

print("--- a与c的余弦相似度 ----")
print(cos_sim(a, c))
```

Out

```
--- a与b的余弦相似度 ----
1.0
--- a与c的余弦相似度 ----
-1.0
```

当向量具有相同方向时，余弦相似度的最大值为 1，而当向量的方向相反时，余弦相似度的最小值为 –1。这是衡量两个向量的方向一致程度的指标。

4 8 3 练习

问题

请补全示例 4.32 中的代码，并计算 $\vec{a}$ 和 $\vec{b}$ 的余弦相似度。

示例 4.32　问题

In

```
import numpy as np

def cos_sim(vec_1, vec_2):
    return                         # 在该行补全代码

a = np.array([2, 0, 1, 0])
b = np.array([0, 1, 0, 2])
```

```
print("--- a与b的余弦相似度 ----")
print(cos_sim(a, b))
```

解答示例

解答示例

In
```
import numpy as np

def cos_sim(vec_1, vec_2):
    return np.dot(vec_1, vec_2) / (np.linalg.norm(⇨
vec_1) * np.linalg.norm(vec_2))   # 在该行补全代码

a = np.array([2, 0, 1, 0])
b = np.array([0, 1, 0, 2])

print("--- a与b的余弦相似度 ----")
print(cos_sim(a, b))
```

Out
```
--- a与b的余弦相似度 ----
0.0
```

第 **5** 章　微　分

本章将学习各种人工智能所需的微分相关知识，如常微分、偏微分、连锁律等。

所谓微分，简言之就是变化的比例。例如，用时间对移动物体的位置进行微分就可以得到该物体的速度。

在人工智能领域，有必要对多变量函数和复合函数等稍微复杂的函数进行微分。虽然现在大家可能会觉得很难，但本章将一步一步地对这些内容进行详细的解说。

在各种人工智能技术的背景理论中，微分不可缺少，本章内容将从微分的基础开始，解说由多变量构成的函数的微分和由多个函数构成的复合函数的微分等知识。

通过学习复杂函数的微分，可以预测参数对整体的影响。

本章的微分解说虽然从数学研究角度上来说还缺乏严谨性。但是，在人工智能的学习过程中，从培养对微分的想象力上来说却非常重要，因此，比起严谨的知识理解，本书更重视印象的把握。

5.1 极限与微分

本节首先理解极限的概念，并在此基础上理解微分的概念。微分是指某个函数上各点的变化比例，在人工智能中这个概念被频繁使用。

5.1.1 什么是极限

极限是指当函数中的变量的值接近某个值时，函数的值无限接近的值。

例如，假设在函数 $y = x^2 + 1$ 中，x 逐渐减小到接近 0。

$x = 2$ 时，$y = 5$
$x = 1$ 时，$y = 2$
$x = 0.5$ 时，$y = 1.25$
$x = 0.1$ 时，$y = 1.01$
$x = 0.01$ 时，$y = 1.0001$

通过这些结果会发现，x 越接近 0，y 就越接近 1。
用以下公式表示这种关系：

$$\lim_{x \to 0} y = \lim_{x \to 0} \left(x^2 + 1 \right) = 1$$

这个公式表示"当 x 无限接近 0 时，y 无限接近 1"。

5.1.2 什么是微分

在函数 $y = f(x)$ 中，假设 x 的微小变化量为 Δx，那么当 x 的变化为 Δx 时，y 的值如下所示：

$$y = f(x + \Delta x)$$

此时 y 的微小变化如下所示：

$$\Delta y = f(x + \Delta x) - f(x)$$

由此可见，y 的微小变化 Δy 与 x 的微小变化 Δx 的比率可以用以下公式来表示：

$$\frac{\Delta y}{\Delta x} = \frac{f(x + \Delta x) - f(x)}{\Delta x}$$

请思考该公式中，令 Δx 的值无限接近 0 的极限是什么。

可以用新函数 $f'(x)$ 来表示此极限：

$$f'(x) = \lim_{\Delta x \to 0} \frac{f(x + \Delta x) - f(x)}{\Delta x}$$

这里的函数 $f'(x)$ 被称作 $f(x)$ 的导数（或导函数）。

而从函数 $f(x)$ 得到导数 $f'(x)$ 的行为，被称为对函数 $f(x)$ 求微分（编辑注：此部分如果读者不理解，可参考赠送的电子文档）。

导数还可以被表示为：

$$f'(x) = \frac{\mathrm{d}f(x)}{\mathrm{d}x} = \frac{\mathrm{d}}{\mathrm{d}x} f(x)$$

此时，函数的变量只有 x，这种针对单一变量函数的微分被称为常微分。

在本书中，y 相对于 x 的变化率被称为斜率，而导数可被用于确定单变量函数上某一点的斜率。

函数 $f(x)$ 上的点 $(a, f(a))$ 处的斜率为 $f'(a)$。

它们的关系如图 5.1 所示。

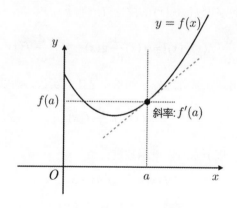

图 5.1 导数与切线、斜率

图 5.1 中，倾斜的虚线是曲线上点 $(a, f(a))$ 的切线。此切线的 y 相对于 x 的变化率，也就是斜率是 $f'(a)$，它等于曲线上此点的局部斜率。

该切线表达公式如下所示：

$$y = f'(a)x + f(a) - f'(a)a$$

如果将 a 代入 x，可以发现 y 与 $f(a)$ 相等。

⑤①③ 微分的公式

使用微分公式，可以很容易地得到一些函数的导数。

下面介绍几个微分公式。本书在这里不进行各公式的证明，感兴趣的读者可以自行查阅相关资料学习。

在 r 是任意实数的情况下，有关函数 $f(x) = x^r$ 的以下等式成立：

$$\frac{\mathrm{d}}{\mathrm{d}x} f(x) = \frac{\mathrm{d}}{\mathrm{d}x} x^r = r x^{r-1} \tag{5-1}$$

在对函数的和 $f(x) + g(x)$ 进行微分时，需要分别对这两者微分后再求和。

$$\frac{\mathrm{d}}{\mathrm{d}x} [f(x) + g(x)] = \frac{\mathrm{d}}{\mathrm{d}x} f(x) + \frac{\mathrm{d}}{\mathrm{d}x} g(x) \tag{5-2}$$

两个函数的乘积 $f(x)g(x)$ 的微分方法如下：

$$\frac{\mathrm{d}}{\mathrm{d}x} [f(x)g(x)] = f(x) \frac{\mathrm{d}}{\mathrm{d}x} g(x) + g(x) \frac{\mathrm{d}}{\mathrm{d}x} f(x) \tag{5-3}$$

常数可以出现在微分之外。如果 k 是任意实数，则以下公式成立：

$$\frac{\mathrm{d}}{\mathrm{d}x} kf(x) = k \frac{\mathrm{d}}{\mathrm{d}x} f(x) \tag{5-4}$$

作为示例，接下来对以下函数进行微分：

$$f(x) = 3x^2 + 4x - 5$$

可以通过组合式（5-1）、式（5-2）和式（5-4）对该函数进行如下微分：

$$f'(x) = \frac{d}{dx}(3x^2) + \frac{d}{dx}(4x^1) - \frac{d}{dx}(5x^0)$$
$$= 3\frac{d}{dx}(x^2) + 4\frac{d}{dx}(x^1) - 5\frac{d}{dx}(x^0)$$
$$= 6x + 4$$

如上所示，可以通过组合公式来求出各种函数的导数。

5 1 4 绘制切线

使用导数绘制函数 $f(x) = 3x^2 + 4x - 5$ 在 $x = 1$ 时的切线（示例 5.1）。

示例 5.1　　函数 $f(x)=3x^2+4x-5$ 在 $x=1$ 时的切线

In

```
%matplotlib inline

import numpy as np
import matplotlib.pyplot as plt

def my_func(x):
    return 3*x**2 + 4*x - 5

def my_func_dif(x):  # 导数
    return 6*x + 4

x = np.linspace(-3, 3)
y = my_func(x)

a = 1
y_t = my_func_dif(a)*x + my_func(a) - my_func_dif(a)*a ⇨
 # x=1时的切线。使用切线的计算式
```

```
plt.plot(x, y, label="y")
plt.plot(x, y_t, label="y_t")
plt.legend()

plt.xlabel("x", size=14)
plt.ylabel("y", size=14)
plt.grid()

plt.show()
```

Out

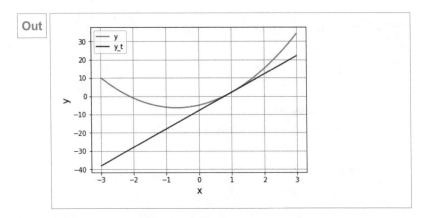

　　通过使用导数，完成了切线的绘制。在人工智能中，这些局部斜率被用于计算每个参数对整体结果的影响。

5 1 5 练习

问题

　　请补全示例 5.2 中的代码，并使用导数绘制函数 $f(x) = -2x^2 + x + 3$ 在 $x = 1$ 时的切线。

示例 5.2 问题

```
import numpy as np
import matplotlib.pyplot as plt

def my_func(x):
    return -2*x**2 + x + 3

def my_func_dif(x):  # 导数
    return                       # 在该行补全代码

x = np.linspace(-3, 3)
y = my_func(x)

a = 1
y_t = my_func_dif(a)*x + my_func(a) - my_func_dif(a)*a ⇨
 # x=1时的切线

plt.plot(x, y, label="y")
plt.plot(x, y_t, label="y_t")

plt.xlabel("x", size=14)
plt.ylabel("y", size=14)
plt.grid()

plt.legend()
plt.show()
```

解答示例

示例 5.3 解答示例

```
...

def my_func(x):
```

```
        return -2*x**2 + x + 3

def my_func_dif(x):  # 导数
    return -4*x + 1  # 在该行补全代码

x = np.linspace(-3, 3)
y = my_func(x)

...
```

Out

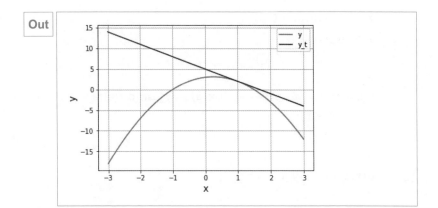

5.2 连锁律

连锁律（chain rule）允许对复合函数进行微分。连锁律被用于一种被称作神经网络的人工智能的学习。

5.2.1 什么是复合函数

在接触连锁律之前，首先来解说复合函数。所谓复合函数是指像

$$y = f(u)$$
$$u = g(x)$$

这些函数一样，由多个函数复合表示的函数。

例如，可以把函数 $y = (x^2 + 1)^3$ 看作是一个包含 u 的复合函数，如下所示：

$$y = u^3$$
$$u = x^2 + 1$$

5 2 2 什么是连锁律

复合函数的微分可以用组成函数的导数的乘积来表示。而这就被称为连锁律（chain rule）。

连锁律的表达式如下：

$$\frac{\mathrm{d}y}{\mathrm{d}x} = \frac{\mathrm{d}y}{\mathrm{d}u}\frac{\mathrm{d}u}{\mathrm{d}x} \tag{5-5}$$

当 y 是 u 的函数，且 u 是 x 的函数时，可以使用式（5-5）中的算式用 x 将 y 微分。

作为示例，我们对以下函数进行微分：

$$y = (x^3 + 2x^2 + 3x + 4)^3$$

在这个表达式中，u 的设置如下：

$$u = x^3 + 2x^2 + 3x + 4$$

对 y 进行如下的表示：

$$y = u^3$$

这时，使用式（5-5）中的连锁律算式，可以用 x 对 y 进行微分：

$$\frac{\mathrm{d}y}{\mathrm{d}x} = \frac{\mathrm{d}y}{\mathrm{d}u}\frac{\mathrm{d}u}{\mathrm{d}x}$$
$$= 3u^2(3x^2 + 4x + 3)$$
$$= 3(x^3 + 2x^2 + 3x + 4)^2(3x^2 + 4x + 3)$$

这样就求出了导数。如上所述，可以通过使用连锁律对复合函数进行微分。

5 2 3 连锁律的证明

下面来证明连锁律。

这里的证明虽然不是非常严谨，但重点在于加深连锁律的图像印象。

假设 $y = f(u)$ 且 $u = g(x)$，那么由 x 求得 y 的导数的过程如下：

$$\frac{\mathrm{d}y}{\mathrm{d}x} = \lim_{\Delta x \to 0} \frac{f(g(x+\Delta x)) - f(g(x))}{\Delta x}$$

$$= \lim_{\Delta x \to 0} \left(\frac{f(g(x+\Delta x)) - f(g(x))}{g(x+\Delta x) - g(x)} \times \frac{g(x+\Delta x) - g(x)}{\Delta x} \right)$$

此时假设 $\Delta u = g(x+\Delta x) - g(x)$，那么当 $\Delta x \to 0$ 时，则 $\Delta u \to 0$，

$$\frac{\mathrm{d}y}{\mathrm{d}x} = \lim_{\Delta x \to 0} \left(\frac{f(u+\Delta u) - f(u)}{\Delta u} \times \frac{\Delta u}{\Delta x} \right)$$

$$= \lim_{\Delta x \to 0} \left(\frac{f(u+\Delta u) - f(u)}{\Delta u} \right) \times \lim_{\Delta x \to 0} \frac{\Delta u}{\Delta x}$$

$$= \frac{\mathrm{d}y}{\mathrm{d}u} \frac{\mathrm{d}u}{\mathrm{d}x}$$

可以推导得出连锁律。

! **ATTENTION**

连锁律的证明

如果想要严谨地证明连锁律，还必须考虑上述算式 $\Delta u = g(x+\Delta x) - g(x)$ 在某区间可能为 0 的情况。在这种情况下，需要对分母为 0 这个问题进行处理。

5.2.4 练习

问题

请使用连锁律，计算以下复合函数的导数。可以将答案写在纸上，也可以用 LaTeX 将其写在 Jupyter Notebook 的单元格中。

$$y = (x^2 + 4x + 1)^4$$

解答示例

$$u = x^2 + 4x + 1$$
$$y = u^4$$

此时，利用连锁律进行计算后结果如下：

$$\frac{\mathrm{d}y}{\mathrm{d}x} = \frac{\mathrm{d}y}{\mathrm{d}u}\frac{\mathrm{d}u}{\mathrm{d}x}$$
$$= 4u^3(2x + 4)$$
$$= 4(x^2 + 4x + 1)^3(2x + 4)$$

5.3 偏微分

偏微分是用一个变量对多变量函数进行的微分。

在人工智能中，偏微分被用于确定单个参数的变化对整体的影响。

5.3.1 什么是偏微分

针对具有多个变量的函数，仅用一个变量进行的微分被称为偏微分。

在偏微分中，其他的变量被视为常数。

例如，由两个变量组成的函数 $f(x, y)$ 的偏微分可以使用 ∂ 符号表示，具体如下：

$$\frac{\partial}{\partial x}f(x, y) = \lim_{\Delta x \to 0}\frac{f(x + \Delta x, y) - f(x, y)}{\Delta x}$$

x 进行微小量 Δx 大小的变化，使 Δx 无限接近 0。由于 y 不发生这种微小量变化，因此在偏微分时可以像常数一样来处理它。

图 5.2 显示了偏微分的图像。

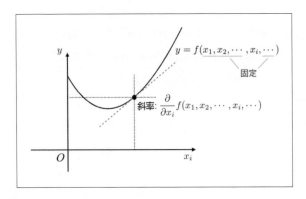

图 5.2　偏微分的图像

在图 5.2 中，x_i 以外的变量都是固定的，它们被用来确定 $f(x_1,x_2,\cdots,x_i,\cdots)$ 相对于 x_i 的变化百分比。

因此，在偏微分中，需要固定变量 x_i 以外的变量，以求出 $f(x_1,x_2,\cdots,x_i,\cdots)$ 相对于 x_i 变化的变化率，即斜率。

5.3.2 偏微分示例

思考一下这个例子，假设函数 $f(x,y)$ 具有以下变量 x, y：

$$f(x,y)=3x^2+4xy+5y^3$$

将函数进行偏微分。在偏微分时，y 被当作常数处理，需要利用微分公式用 x 进行微分。

这样就可以得到以下等式，注意偏微分使用 ∂ 符号而不是 d：

$$\frac{\partial}{\partial x}f(x,y)=6x+4y$$

这种通过偏微分求出的函数被称为偏导数。此时，偏导数是在 y 值固定的情况下，$f(x,y)$ 的变化与 x 的变化之比。

$f(x,y)$ 中 y 的偏微分如下所示，在这里，x 被视为常量：

$$\frac{\partial}{\partial y}f(x,y) = 4x + 15y^2$$

这个结果，代表 x 值固定时，$f(x,y)$ 的变化与 y 的变化之比。

利用偏微分，可以预测特定参数的微小变化对结果的影响。

5.3.3 练习

问题

请分别用 x 和 y 对下面的双变量函数进行偏微分。可以将答案写在纸上，也可以用 LaTeX 将其写在 Jupyter Notebook 的单元格中。

$$f(x,y) = 2x^3 + 4x^2y + xy^2 - 4y^2$$

解答示例

$$\frac{\partial}{\partial x}f(x,y) = 6x^2 + 8xy + y^2$$

$$\frac{\partial}{\partial y}f(x,y) = 4x^2 + 2xy - 8y$$

5.4 全微分

全微分，使用所有变量的微小变化来确定多变量函数的微小变化。

5.4.1 什么是全微分

双变量函数 $z = f(x,y)$ 的全微分表达式表示如下：

$$dz = \frac{\partial z}{\partial x}dx + \frac{\partial z}{\partial y}dy \quad (5\text{-}6)$$

分别将 x 的偏微分与 x 的微小变化 dx 相乘，再将 y 的偏微与 y 的微小变化 dy 相乘，最后把二者的积相加可以得到 z 的微小变化 dz。

由于在计算时可能出现存在 2 个以上变量的函数，因此这里尝试将计算表达式归纳一下。

以下是具有 n 个变量的函数 z 的全微分，x_i 表示每个变量：

$$dz = \sum_{i=1}^{n} \frac{\partial z}{\partial x_i} dx_i$$

通过全微分，可以通过利用各变量的偏微分和各变量的微小变化来求出多变量函数的微小变化量。

由于人工智能需要处理具有多参数的多变量函数，因此全微分在确定结果的微小变化上可以发挥很大作用。

5.4.2 全微分表达式的推导

下面推导函数 $z = f(x, y)$ 的全微分表达式（5-6）。假设 x 的微小变化为 Δx，y 的微小变化为 Δy，则 z 的微小变化 Δz 应该如下所示：

$$\begin{aligned} \Delta z &= f(x + \Delta x, y + \Delta y) - f(x, y) \\ &= f(x + \Delta x, y + \Delta y) - f(x, y + \Delta y) + f(x, y + \Delta y) - f(x, y) \\ &= \frac{f(x + \Delta x, y + \Delta y) - f(x, y + \Delta y)}{\Delta x} \Delta x + \frac{f(x, y + \Delta y) - f(x, y)}{\Delta y} \Delta y \end{aligned}$$

在这个表达式中，让 Δx 和 Δy 无限接近 0，如下所示：

$$\begin{aligned} \lim_{\substack{\Delta x \to 0 \\ \Delta y \to 0}} \Delta z &= \lim_{\substack{\Delta x \to 0 \\ \Delta y \to 0}} \frac{f(x + \Delta x, y + \Delta y) - f(x, y + \Delta y)}{\Delta x} \Delta x \\ &+ \lim_{\substack{\Delta x \to 0 \\ \Delta y \to 0}} \frac{f(x, y + \Delta y) - f(x, y)}{\Delta y} \Delta y \end{aligned}$$

如果该等式中的 Δy 足够小，则可以忽略右侧第一项的 Δy。

此时，右边的第 1 项、第 2 项都包含了偏微分的定义公式。

另外，如果将左边设为 dz，将微小量 Δx 和 Δy 设为 dx 和 dy，则可以推导出以下公式：

$$dz = \frac{\partial z}{\partial x} dx + \frac{\partial z}{\partial y} dy$$

5.4.3 全微分的示例

对下面的函数进行全微分：

$$f(x, y) = 3x^2 + 4xy + 5y^3$$

x 和 y 的偏微分过程如下：

$$\frac{\partial}{\partial x} f(x, y) = 6x + 4y$$

$$\frac{\partial}{\partial y} f(x, y) = 4x + 15y^2$$

因此根据全微分表达式（5-6），全微分表示如下：

$$dz = (6x + 4y)dx + (4x + 15y^2)dy$$

5.4.4 练习

问题

请对下面的双变量函数进行全微分。可以将答案写在纸上，也可以用 LaTeX 将其写在 Jupyter Notebook 的单元格中。

$$f(x, y) = 2x^3 + 4x^2y + xy^2 - 4y^2$$

解答示例

$$\frac{\partial}{\partial x} f(x, y) = 6x^2 + 8xy + y^2$$

$$\frac{\partial}{\partial y} f(x, y) = 4x^2 + 2xy - 8y$$

因此根据全微分表达式（5-6）可得

$$dz = (6x^2 + 8xy + y^2)dx + (4x^2 + 2xy - 8y)dy$$

5.5 多变量复合函数的连锁律

本节将学习利用连锁律对多变量的复合函数进行微分。

5.5.1 多变量复合函数的微分①

将连锁律应用于多变量的复合函数。

首先来看下面的复合函数：

$$z = f(u,v)$$
$$u = g(x)$$
$$v = h(x)$$

z 是 u 和 v 的函数，u 和 v 分别是 x 的函数。用这个复合函数来计算一下 $\dfrac{\mathrm{d}z}{\mathrm{d}x}$。

在这种情况下，根据以前接触过的全微分公式，则如下等式成立：

$$\mathrm{d}z = \frac{\partial z}{\partial u}\mathrm{d}u + \frac{\partial z}{\partial v}\mathrm{d}v$$

通过将该公式的两侧除以微小量 $\mathrm{d}x$，可以得到复合函数 z 与 x 的微分，如下所示：

$$\frac{\mathrm{d}z}{\mathrm{d}x} = \frac{\partial z}{\partial u}\frac{\mathrm{d}u}{\mathrm{d}x} + \frac{\partial z}{\partial v}\frac{\mathrm{d}v}{\mathrm{d}x}$$

将这个表达式一般化，此时如果有 m 个中介变量，如 u 和 v，则可以将其表示如下：

$$\frac{\mathrm{d}z}{\mathrm{d}x} = \sum_{i=1}^{m} \frac{\partial z}{\partial u_i}\frac{\mathrm{d}u_i}{\mathrm{d}x} \tag{5-7}$$

u_i 与上面的 u 和 v 一样，是中介变量。这里为前面的连锁律公式加上了求和符号$\sum$。

5·5·2 多变量复合函数的微分②

将同样的过程应用在下面的复合函数中：

$$z = f(u, v)$$
$$u = g(x, y)$$
$$v = h(x, y)$$

z 是 u 和 v 的函数，u 和 v 都是 x 和 y 的函数。

此时，用偏微分表示 z 相对于 x 的变化率以及 z 相对于 y 的变化率。

再将式（5-7）代入后，表示如下：

$$\frac{\partial z}{\partial x} = \frac{\partial z}{\partial u}\frac{\partial u}{\partial x} + \frac{\partial z}{\partial v}\frac{\partial v}{\partial x}$$

$$\frac{\partial z}{\partial y} = \frac{\partial z}{\partial u}\frac{\partial u}{\partial y} + \frac{\partial z}{\partial v}\frac{\partial v}{\partial y}$$

下面将等式进行归纳。当 x_z 是构成 z 的变量之一，并且有 m 个中间变量时，以下关系式成立：

$$\frac{\partial z}{\partial x_k} = \sum_{i=1}^{m} \frac{\partial z}{\partial u_i}\frac{\partial u_i}{\partial x_k}$$

接着用向量来表示上述内容。如果 z 是变量 $x_1, x_2, \cdots, x_n$ 的函数，并且在它们之间有 m 个函数，则以下关系式成立：

$$\left(\frac{\partial z}{\partial x_1}, \frac{\partial z}{\partial x_2}, \cdots, \frac{\partial z}{\partial x_n} \right) = \left(\sum_{i=1}^{m} \frac{\partial z}{\partial u_i}\frac{\partial u_i}{\partial x_1}, \sum_{i=1}^{m} \frac{\partial z}{\partial u_i}\frac{\partial u_i}{\partial x_2}, \cdots, \sum_{i=1}^{m} \frac{\partial z}{\partial u_i}\frac{\partial u_i}{\partial x_n} \right)$$

这样，可以同时表示出所有变量的偏导数。

通过以上一系列计算，就完成了对多变量连锁律的一般化表示。人工智能技术中经常需要处理多变量的复合函数，通过这种连锁律可以求出各变量对函数的影响。

5·5·3 多变量复合函数微分的示例

本节将对下面的复合函数 x 进行微分：

$$z = u^3 + 3v^2$$
$$u = 2x^2 + 3x + 4$$
$$v = x^2 + 5$$

根据式（5-7），可得：

$$\frac{\mathrm{d}z}{\mathrm{d}x} = \frac{\partial z}{\partial u}\frac{\mathrm{d}u}{\mathrm{d}x} + \frac{\partial z}{\partial v}\frac{\mathrm{d}v}{\mathrm{d}x}$$
$$= 3u^2(4x+3) + 6v(2x)$$
$$= 3(2x^2+3x+4)^2(4x+3) + 12x(x^2+5)$$

由此可见，即使对象是多变量的合成函数，也可以使用连锁律对其进行微分。

⑤⑤④ 练习

问题

请用 x 对下面的复合函数 z 进行微分。可以将答案写在纸上，也可以用 LaTeX 将其写在 Jupyter Notebook 的单元格中。

$$z = 2u^3 + uv^2 + 4v$$
$$u = x^2 + 3x$$
$$u = x + 7$$

解答示例

根据式（5-7），可得：

$$\frac{\mathrm{d}z}{\mathrm{d}x} = \frac{\partial z}{\partial u}\frac{\mathrm{d}u}{\mathrm{d}x} + \frac{\partial z}{\partial v}\frac{\mathrm{d}v}{\mathrm{d}x}$$
$$= (6u^2 + v^2)(2x+3) + (2uv+4)$$
$$= (6(x^2+3x)^2 + (x+7)^2)(2x+3) + 2(x^2+3x)(x+7) + 4$$

5.6　自然常数与自然对数

自然常数和自然对数可以被用于人工智能的各种场景中。

5 6 1　什么是自然常数

自然常数 e 是一个在数学上性质非常方便的数。自然常数的值其实是一个如同圆周率 π 一样位数无穷大的小数。

$$e=2.718281828459045235360287471352\cdots$$

可以通过计算下面等式的极限来求出 e 的值：

$$e=\lim_{n \to \infty}\left(1+\frac{1}{n}\right)^n$$

当 n 变大时，$\left(1+\frac{1}{n}\right)^n$ 将逐渐接近 e 的值，我们会在后面的练习中对这种变化进行确认。

自然常数经常被用于以下这种幂的形式：

$$y = e^x \tag{5-8}$$

这个等式的特点是，将它进行如下的微分，公式也不会改变。

$$\begin{aligned}\frac{\mathrm{d}y}{\mathrm{d}x} &= \lim_{\Delta x \to 0}\frac{e^{x-\Delta x}-e^{x}}{\Delta x}\\ &= e^x\end{aligned}$$

由于它的这种在数学上容易处理的性质，自然常数经常被用于人工智能的各种公式中。

式（5-8）还可以用下面的写法来表示：

$$y = \exp(x)$$

当 () 中需要记录更多内容时，上述的这种表示法会很方便。因为如果 e 的右肩上写了过多的角标，会使表达式的阅读变得十分困难。

Python中的e

在Python中，用于表示1.2e5，2.4e–4等数值的e与自然常数无关。

5 6 2 实现自然常数

可以在 NumPy 中通过 e 来获取自然常数。而自然常数的幂可以通过使用 NumPy 的 exp() 函数实现（示例5.4）。

示例5.4　　显示自然常数

In
```
import numpy as np

print(np.e)        # 自然常数
print(np.exp(1))   # e的1次方
```

Out
```
2.718281828459045
2.718281828459045
```

接下来，将以下公式所表示的自然常数的幂绘制成图像（示例5.5）。

$$y = \exp(x)$$

示例5.5　　绘制自然常数的幂的图像

In
```
%matplotlib inline

import numpy as np
import matplotlib.pyplot as plt

x = np.linspace(-2, 2)
y = np.exp(x)  # 自然常数的幂
```

```
plt.plot(x, y)

plt.xlabel("x", size=14)
plt.ylabel("y", size=14)
plt.grid()
plt.show()
```

Out

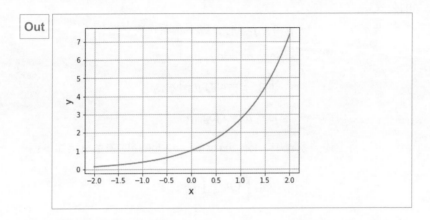

  自然常数的幂在 x 为 0 时为 1，在 x 为 1 时为自然数的值。x 越小，增量越接近 0；x 越大，增量越大。

5 6 3 什么是自然对数

  对 $y = a^x (a > 0, a \neq 1)$ 进行变形，使左边为 x。

  这里需要使用 log 的符号。此符号可以将 x 表示如下：

$$x = \log_a y$$

x 代表"使 a 进行乘方后等于 y 的数字"。

再用下面等式，将 x 与 y 的位置互换：

$$y = \log_a x$$

$\log_a x$ 被称为对数。

而当 a 比较特别，是自然常数 e 时，$\log_e x$ 就被称为自然对数。将自然对数表示如下：

$$y = \log_e x$$

e 的 y 次方等于 x。

而自然对数本身则表示，将 e 进行几次方后等于 x。

在这个表达式中，自然常数经常会被省略，表示如下：

$$y = \log x$$

另外，包括自然对数在内的对数还有几个公式，以下是一些典型的公式。

当 $a>0$、$a \neq 1$、$p>0$、$q>0$ 时，以下关系式成立：

$$\log_a pq = \log_a p + \log_a q$$

$$\log_a \frac{p}{q} = \log_a p - \log_a q$$

$$\log_a p^r = r \log_a p$$

可以将上述关系式中，$\log_a pq = \log_a p + \log_a q$ 的关系总结如下：

$$\log_a \prod_{k=1}^{n} p_k = \prod_{k=1}^{n} \log_a p_k$$

5 6 4 自然对数与导数

自然对数的导数可以像下面的等式一样被表示为 x 的倒数：

$$\frac{\mathrm{d}}{\mathrm{d}x} \log x = \frac{1}{x}$$

导数的形式简单也是自然对数的优点之一。

也可以用自然对数表示幂的导数，如 $y = a^x$（a 为任意实数）。

$$\frac{\mathrm{d}}{\mathrm{d}x} a^x = a^x \log a$$

当 a 比较特殊，为自然常数 e 时，上述公式则可以表示如下：

$$\frac{\mathrm{d}}{\mathrm{d}x} \mathrm{e}^x = \mathrm{e}^x$$

由上式可知，即使将自然常数的幂进行微分，其结果仍然保持原来的形式。由于微分起来比较简单，因此在存在幂的函数中经常会用到自然常数。

⑤⑥⑤ 实现自然对数

可以使用 NumPy 的 log() 函数来实现自然对数（示例 5.6）。

示例 5.6　使用 log() 函数计算自然对数

```
In
import numpy as np

print(np.log(np.e))  # 自然常数的自然对数
print(np.log(np.exp(2)))  # 自然常数平方的自然对数
print(np.log(np.exp(12)))  # 自然常数12次方的自然对数
```

```
Out
1.0
2.0
12.0
```

可以发现如定义中解释的一样，自然常数的自然对数为 1。另外，还可以发现带有幂的自然常数的自然对数等于其右肩上的指数。

接下来，将下面等式中所表示的自然对数绘制成图像（示例 5.7）。

$$y = \log x$$

示例 5.7　绘制自然对数的图像

```
In
import numpy as np
import matplotlib.pyplot as plt

x = np.linspace(0.01, 2)  # 无法令x为0
y = np.log(x)  # 自然对数
```

```
plt.plot(x, y)
plt.xlabel("x", size=14)
plt.ylabel("y", size=14)
plt.grid()

plt.show()
```

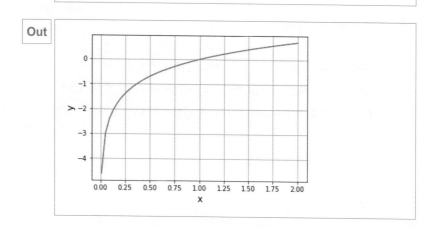

当 x 为 1 时，自然对数为 0。当 x 趋近 0 时，它也会无限减小。它会随着 x 的增大而单调递增，但增长率逐渐降低。

5 6 6 Sigmoid 函数

在机器学习的其中一个领域——神经网络中，经常使用 sigmoid 函数这一使用自然常数的函数。Sigmoid 函数的公式表示如下：

$$y = \frac{1}{1 + \exp(-x)}$$

下面计算这个函数的导数。假设 $u = 1 + \exp(-x)$，可以使用以下连锁律进行微分：

$$\frac{dy}{dx} = \frac{dy}{du}\frac{du}{dx}$$

$$= \frac{d}{du}(u^{-1})\frac{d}{dx}\big(1+\exp(-x)\big)$$

$$= (-u^{-2})(-\exp(-x))$$

$$= \frac{\exp(-x)}{(1+\exp(-x))^2}$$

$$= \left(\frac{\exp(-x)}{1+\exp(-x)}\right)\left(\frac{1}{1+\exp(-x)}\right)$$

$$= \left(\frac{1+\exp(-x)}{1+\exp(-x)} - \frac{1}{1+\exp(-x)}\right)\left(\frac{1}{1+\exp(-x)}\right)$$

$$= (1-y)y$$

Sigmoid 函数 y 的导数为 $(1-y)y$。而导数简单的这种特性也正是 sigmoid 函数的优点。

示例 5.8 使用了 NumPy 的 exp() 函数绘制 sigmoid 函数及其导数的图像。

示例 5.8　　Sigmoid 函数及其导数的图像

In

```python
import numpy as np
import matplotlib.pylab as plt


def sigmoid_function(x):  # Sigmoid函数
    return 1/(1+np.exp(-x))


def grad_sigmoid(x):  # Sigmoid函数的导数
    y = sigmoid_function(x)
    return (1-y)*y


x = np.linspace(-5, 5)
```

```
y = sigmoid_function(x)
y_grad = grad_sigmoid(x)

plt.plot(x, y, label="y")
plt.plot(x, y_grad, label="y_grad")
plt.legend()

plt.xlabel("x", size=14)
plt.ylabel("y", size=14)
plt.grid()

plt.show()
```

Out

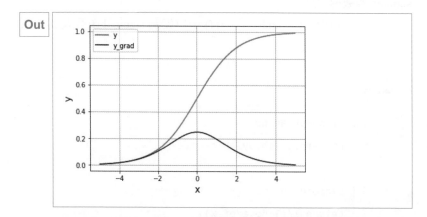

如示例 5.8 的图像所示，sigmoid 函数在 x 值较小时趋近 0，在 x 值较大时趋近 1。当 x 为 0 时，导数取得最大值 0.25，随着 x 远离 0，导数也逐渐向 0 趋近。

Sigmoid 函数可以将输入转换为 0 和 1 之间的连续输出。活用它的这个特性，在人工智能中，可以将其用作表示人工神经细胞兴奋程度的激活函数。此外，sigmoid 函数的导数有时会被用于优化神经网络的反向传播算法。

请用代码逐渐增大下面表达式中 *n* 的值，并确认 a^n 的值逐渐接近自然常数（示例 5.9）。

$$a_n = \lim_{n \to \infty} \left(1 + \frac{1}{n}\right)^n$$

示例 5.9　问题

```
In

# 自然常数: e = 2.71828 18284 59045 23536 02874 71352 …

import numpy as np

def approach_napier(n):
    return (1 + 1/n)**n

n_list = [2, 4, 10        ] # 向此列表中添加更大的值
for n in n_list:
    print("a_"+ str(n) + " =", approach_napier(n))
```

解答示例

示例 5.10　解答示例

```
In

...

n_list = [2, 4, 10, 100, 1000, 10000]  ⇨
# 向此列表中添加更大的值

...
```

```
a_2 = 2.25
a_4 = 2.44140625
a_10 = 2.5937424601000023
a_100 = 2.7048138294215285
a_1000 = 2.7169239322355936
a_10000 = 2.7181459268249255
```

5.7 梯度下降法

梯度下降法，可以根据微分求出的斜率计算函数的最小值。在人工智能中，经常被应用于学习算法。

5.7.1 什么是梯度下降法

梯度法是根据函数的微分值（斜率）搜索最小值的算法。

梯度下降法也是一种梯度法，它通过向最陡方向下降来查找最小值。

下面解释梯度下降法这种算法。首先研究 $f(\vec{x})$ 这个多变量函数的最小值。

$$f(\vec{x}) = f(x_1, x_2, \cdots, x_i, \cdots, x_n)$$

此时，可以适当地为 $\vec{x}$ 确定一个初始值，接下来 $\vec{x}$ 的所有元素都会通过下面的表达式更新：

$$x_i = x_i - \eta \frac{\partial f(\vec{x})}{\partial x_i} \qquad (5\text{-}9)$$

η 是一个被称为学习系数的常数，它决定 x_i 的更新速度。

根据该表达式，斜率 $\dfrac{\partial f(\vec{x})}{\partial x_i}$ 越大（坡度越陡），x_i 值的变化就越大。

重复此操作，直到 $f(\vec{x})$ 停止变化（直到斜率为 0），以求得 $f(\vec{x})$ 的最小值。

用梯度下降法求下面单变量函数 $f(x)$ 的最小值：

$$f(x) = x^2 - 2x$$

当 x 值为 1 时，此函数的最小值为 $f(1) = -1$。而用 x 对该函数进行微分后结果如下所示：

$$\frac{\mathrm{d}f(x)}{\mathrm{d}x} = 2x - 2$$

因为函数只有一个变量，所以这里使用的不是偏微分，而是常微分。

示例 5.11 中的代码使用了梯度下降法计算上述函数的最小值。利用式（5-9）中的方法将 x 更新 20 次，最后用图像显示该过程。

示例 5.11　用梯度下降法计算函数的最小值

In

```python
%matplotlib inline

import numpy as np
import matplotlib.pyplot as plt

def my_func(x):        # 计算最小值的函数
    return x**2 - 2*x

def grad_func(x):      # 导数
    return 2*x - 2

eta = 0.1              # 学习系数
x = 4.0                # 为x设定初始值
record_x = []          # x的记录
record_y = []          # y的记录
for i in range(20):    # 将x更新20次
    y = my_func(x)
    record_x.append(x)
```

```
        record_y.append(y)
        x -= eta * grad_func(x)   # 式（5-9）

x_f = np.linspace(-2, 4)        # 显示范围
y_f = my_func(x_f)

plt.plot(x_f, y_f, linestyle="dashed")   # 用虚线显示函数
plt.scatter(record_x, record_y)   # 显示x与y的记录

plt.xlabel("x", size=14)
plt.ylabel("y", size=14)
plt.grid()

plt.show()
```

Out

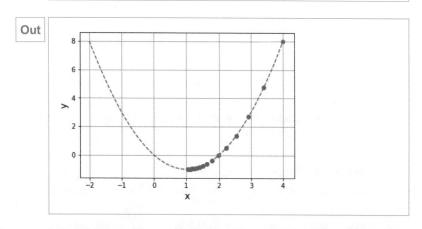

　　虽然 x 的初始值为 4，但随着 x 的变化函数呈滑落状并趋近最小值。随之而来的是，x 之间的间距逐渐变窄，这表明 x 的更新量随着斜率的减小而减小。可以发现梯度下降法发挥了作用。

　　不过，通过梯度下降法求出的最小值不是严格意义上的最小值。但在处理现实问题时，很多场景下连函数的形状都不知道，因此，通过梯度下降法逐渐探索最小值的方法可以被认为是有效的。

5 7 3 局部最小值

最小值分为全局最小值和局部最小值。前面的示例中，函数的成分相对单纯，因此可以轻松地达到全局最小值。然而人工智能要处理的问题中的函数形态大多比较复杂，有可能只能取得局部最小值，而无法获取全局最小值。

下面是获取局部最小值的示例，示例中用梯度下降法来计算函数 $f(x)$ 的最小值。

$$f(x) = x^4 + 2x^3 - 3x^2 - 2x$$

用 x 对该函数进行微分后得到的结果如下：

$$\frac{\mathrm{d}f(x)}{\mathrm{d}x} = 4x^3 + 6x^2 - 6x - 2$$

示例 5.12 中的代码将梯度下降法应用于上述函数。

示例 5.12　抓取局部最小值

In
```python
import numpy as np
import matplotlib.pyplot as plt


def my_func(x):     # 计算最小值的函数
    return x**4 + 2*x**3 - 3*x**2 - 2*x


def grad_func(x):  # 导数
    return 4*x**3 + 6*x**2 - 6*x - 2

eta = 0.01      # 学习系数
x = 1.6         # 为 x 设定初始值
record_x = []   # x 的记录
record_y = []   # y 的记录
for i in range(20):  # 将 x 更新 20 次
```

```
    y = my_func(x)

    record_x.append(x)

    record_y.append(y)

    x -= eta * grad_func(x)    # 式（5-9）


x_f = np.linspace(-2.8, 1.6)  # 显示范围

y_f = my_func(x_f)


plt.plot(x_f, y_f, linestyle="dashed")  # 用虚线显示函数

plt.scatter(record_x, record_y)  # 显示 x 与 y 的记录


plt.xlabel("x", size=14)

plt.ylabel("y", size=14)

plt.grid()


plt.show()
```

Out

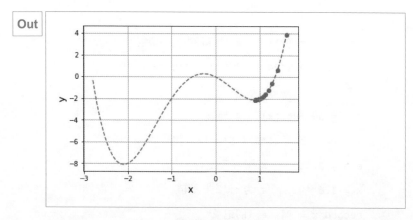

　　可以看到在用虚线显示的函数曲线上有一左一右两块凹陷。左侧的凹陷代表整体最小值，而右侧为局部最小值。在示例 5.12 的代码中，用 $x = 1.6$ 为 x 设定了初始值，而这种情况下初始值会被右侧的局

部最小值抓取并无法脱离。

在人工智能中，这种局部最小值的陷阱是一个很严重的问题。可以设定适当的初始值，或者导入随机性，来应对这些问题。不过即使在上述情况下，设置出合理的初始值，仍然可以获取到整体最小值。

5 7 4 练习

问题

执行示例 5.13 中的梯度下降法的代码将只能抓取到局部最小值。请更改 x 的初始值以获取整体最小值。

示例 5.13　问题

In
```python
import numpy as np
import matplotlib.pyplot as plt

def my_func(x):     # 计算最小值的函数
    return x**4 - 2*x**3 - 3*x**2 + 2*x

def grad_func(x):   # 导数
    return 4*x**3 - 6*x**2 - 6*x + 2

eta = 0.01       # 常数
x = -1.6         # === 在这里变更x的初始值 ===
record_x = []    # x的记录
record_y = []    # y的记录
for i in range(20):  # 将x更新20次
    y = my_func(x)
    record_x.append(x)
    record_y.append(y)
    x -= eta * grad_func(x)    # 式（5-9）
```

```
x_f = np.linspace(-1.6, 2.8)  # 显示范围
y_f = my_func(x_f)

plt.plot(x_f, y_f, linestyle="dashed")  # 用虚线表示函数
plt.scatter(record_x, record_y)      # 显示x与y的记录

plt.xlabel("x", size=14)
plt.ylabel("y", size=14)
plt.grid()

plt.show()
```

解答示例

示例 5.14   解答示例

In
```
...

eta = 0.01          # 常数
x = 1.0             # === 在这里变更x的初始值 ===

...
```

Out

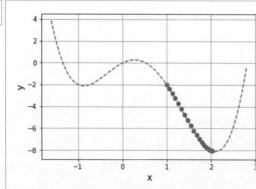

专栏

奇点与指数函数

2005年，美国的未来学者雷·库兹威尔（Ray kurzweil）发表了"奇点（技术奇点）"的概念，即通过以"指数函数式"高度发展的技术，人工智能将在2045年左右超过人类。

那么，这个"指数函数"有什么特性呢？指数函数是指下面这种函数。其中 a 是一个常数。

$$y = a^x$$

常用自然常数 e 来代替上述表达式中的 a。

$$y = e^x$$

这里，假设 x 为时间，y 为技术性能，那么上面等式的导数 y' 可以表示如下：

$$y' = e^x$$

由于使用了自然常数，这里函数的形状不会发生变化，而上面的等式表示的其实是技术进步的速度。

随着时间 x 的变化，技术的进步速度会发生以下的变化：

$$x = 0 时， \quad y' = e^0 = 1$$

$$x = 1 时， \quad y' = e^1 \approx 2.72$$

$$x = 2 时， \quad y' = e^2 \approx 7.39$$

$$x = 3 时， \quad y' = e^3 \approx 20.09$$

$$x = 4 时， \quad y' = e^4 \approx 54.60$$

$$x = 5 时， \quad y' = e^5 \approx 148.41$$

令人惊讶的是，当 $x = 5$ 时的技术改进速度大约是 $x = 0$ 时的148倍。

公元900年时，技术发展的速度非常缓慢，那时候日本还是平安时代，人口的大部分是农民，即使当时的人们会遭受战争和瘟疫等灾害也不会离开出生地多远，大家一辈子都是在几乎不变的环境中过着鲜有变化的平凡生活。那个时代的人即使往后穿越100年，估计也不会感到有什么违和感。但是，如果是公元1919年（当时日本是大正时期）的人穿越到100年后（2019年），恐怕就会被现在的生活方式和理念所惊呆，因为这100年的科技进步速度极其惊人，是过去（如平安时代）的相同时间所无法比拟的。

可以说，科技的发展速度正在呈指数函数变化着。

虽然谁也不知道未来会变成什么样，但是如果用指数函数模拟迄今为止的技术发展，奇点的出现也未必是天方夜谭。当然，关于奇点也存在各种各样的反驳，但在本书写作时，还没有看到导致技术加速停止的预兆。

第6章 概率和统计

　　本章将学习概率和统计知识。人工智能需要处理大量的数据，通过学习概率和统计，可以抓取数据的倾向（趋势），也可以将结果作为概率来进行处理。

　　统计可以利用各种指标来捕捉数据的倾向和特征，而概率则用"可能性"来处理世界上发生的各种事件。如果能很好地活用这些方法，就可以掌握数据的整体情况，从而预测未来。

　　在本章中，我们将通过在代码中绘制包含公式的图表，从逻辑和图像两个方面解释概率和统计。

6.1 概率的概念

概率这个概念在表现现实世界的现象时，可以发挥很大的作用。在某些情况下，人工智能会将结果输出为概率。

6.1.1 什么是概率

概率（Probability）是指对某种现象（事件）的发生的期望程度，它用以下等式来表示：

$$P(A) = \frac{a}{n}$$

在该等式中，$P(A)$是事件 A 发生的概率，a 是事件 A 发生场景的数量，n 是所有场景的数量。

例如，思考投掷硬币使正面（数字）朝上的概率。

投掷硬币后朝上的面有正面和背面两种，但无论哪一面朝上，两个事件的期望程度都相同。此时，结果场景的数量为 2，出现正面的事件 A 的数量为 1，它的概率如下所示：

$$P(A) = \frac{a}{n} = \frac{1}{2}$$

结果为正面朝上的事件的期望值为 50%。用同样的方法，思考一下骰子出现 5 点的事件 A 发生的概率，由于事件 A 的数量为 1，所有事件的数量为 6，因此结果应如下所示：

$$P(A) = \frac{a}{n} = \frac{1}{6}$$

结果是 1/6，所以期待值约为 16.7%。

下面，来摇两个骰子，并求出点数合计为 5 的概率。点数合计为 5 的事件 A 有（1，4）、（2，3）、（3，2）、（4，1）共 4 种情况。

所有事件的数量为 6×6=36。因此，这个问题的概率如下所示：

$$P(A) = \frac{a}{n} = \frac{4}{36} = \frac{1}{9}$$

结果是 1/9，所以期望值大约是 11.1%。

这个结果意味着，可以期望存在 11.1% 左右的可能，在摇 2 个骰子后，出现点数的和为 5。

⑥①② 补事件

相对于事件 A，"没有发生 A 的事件"被称为 A 的补事件。A 的补事件用 $\overline{A}$ 来表示。

可以用事件 A 发生的概率 $P(A)$，来将补事件 $\overline{A}$ 发生的概率表示如下：

$$P(\overline{A}) = 1 - P(A)$$

例如，假设摇 2 个骰子，点数合计为 5 的概率为 1/9，那么可以像下面一样求出"摇 2 个骰子，点数合计为 5 以外的概率"：

$$P(\overline{A}) = 1 - \frac{1}{9} = \frac{8}{9}$$

有 8/9 的概率，点数的合计为 5 以外的数字。

列出所有点数合计不为 5 的结果是十分困难的，但是通过使用补事件可以较为轻松地求出它的概率。

⑥①③ 依概率收敛

如果反复进行多次试验，（事件的发生数 / 试验数）就会向概率收敛。

示例 6.1 中的代码，模拟了多次摇骰子，统计出现点数 5 的次数，并表示了（5 出现的次数 / 摇动次数）的变迁。使用 np.random.randint（6）可以获得 0 ~ 5 的随机整数。

示例 6.1　依概率收敛

```
In    %matplotlib inline

      import numpy as np
```

```python
import matplotlib.pyplot as plt


x = []
y = []
total = 0   # 试验次数
num_5 = 0   # 出现5的次数
n = 5000    # 摇骰子次数


for i in range(n):

    if np.random.randint(6)+1 == 5:   ⇨
# 将0~5的随机数加1，得到1~6
        num_5 += 1

    total += 1
    x.append(i)
    y.append(num_5/total)

plt.plot(x, y)
plt.plot(x, [1/6]*n, linestyle="dashed")   ⇨
# y为加入n个1/6的列表

plt.xlabel("x", size=14)
plt.ylabel("y", size=14)
plt.grid()

plt.show()
```

Out

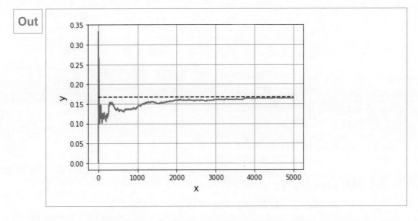

随着试验数的增加，（出现 5 的次数 / 试验数）向概率收敛（约 16.7%）。由此可见，概率是指某种现象发生的期望程度。

6 1 4 练习

问题

请补全示例 6.2 中的代码，确保（硬币向上 / 投掷硬币的次数）收敛到 1/2 的概率。

示例 6.2　　问题

In

```python
import numpy as np
import matplotlib.pyplot as plt

x = []
y = []
total = 0      # 试验次数
num_front = 0  # 正面向上的次数
n = 5000       # 投硬币次数

for i in range(n):
    # ↓从该行起编写代码
```

```
   # ↑编写代码至此

plt.plot(x, y)
plt.plot(x, [1/2]*n, linestyle="dashed")

plt.xlabel("x", size=14)
plt.ylabel("y", size=14)
plt.grid()

plt.show()
```

解答示例

示例 6.3   解答示例

In

```
...

for i in range(n):
    # ↓从该行起编写代码
    if np.random.randint(2) == 0:
        num_front += 1

    total += 1
      x.append(i)
      y.append(num_front/total)    # ↑编写代码至此

...
```

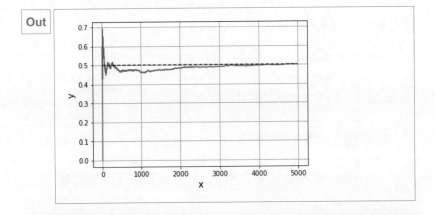

6.2 平均值与期望值

平均值和期望值都是为了把握数据特征而使用的值。实际上，平均值和期望值所指的是相同的概念。

6 2 1 什么是平均值

平均值的计算方法是将多个值相加并除以值的个数。

以下是计算 n 个值的平均值的表达式：

$$\mu = \frac{x_1 + x_2 + \cdots + x_n}{n}$$

$$= \frac{1}{n}\sum_{k=1}^{n} x_k$$

例如，如果 A 先生的体重为 55kg，B 先生为 45kg，C 先生为 60kg，D 先生为 40kg，那么 4 人的平均体重如下所示：

$$\frac{55 + 45 + 60 + 40}{4} = 50(\text{kg})$$

平均值是由多个值构成的数据中具有代表性的值之一。

实现平均值

可以使用 NumPy 的 average() 函数来计算平均值（示例 6.4）。

示例 6.4　　使用 average() 函数计算平均值

In
```
import numpy as np

x = np.array([55, 45, 60, 40])  # 用于获取平均值的数据

print(np.average(x))
```

Out
```
50.0
```

6 2 3　什么是期望值

假设通过尝试可以获得以下几个值之一：

$$x_1, x_2, \cdots, x_n$$

并且，假设可以通过如下的概率获得它们各自的值：

$$P_1, P_2, \cdots, P_n$$

此时，如下所示，用 E 表示的值与概率的乘积的总和就被称为期望值：

$$E = \sum_{k=1}^{n} P_k x_k$$

所谓期望值，就是对大致得到的值的"预估"。

例如，在抽签时有 80% 的概率抽到 100 日元，15% 的概率抽到 500 日元，5% 的概率抽到 1000 日元，那么这个事件期望值如下：

$$E = 0.8 \times 100 + 0.15 \times 500 + 0.05 \times 1000$$
$$= 205$$

因此，这个抽签事件的期望值为 205 日元，通过抽签预计将获得 205 日元左右的收益。

6.2.4 实现期望值

可以使用 NumPy 的 sum() 函数通过计算概率和值的乘积的总和来计算期望值（示例 6.5）。

示例 6.5　　使用 sum() 函数计算期望值

In
```
import numpy as np

p = np.array([0.8, 0.15, 0.05])  # 概率
x = np.array([100, 500, 1000])   # 值

print(np.sum(p*x))  # 期望值
```

Out
```
205.0
```

6.2.5 平均值与期望值的关系

当值互相重复时，平均值的计算方法如下：

$$\frac{1}{n}\sum_{k=1}^{m}n_k x_k \qquad (6\text{-}1)$$

在该表达式中，n 是值的总数，n_k 是值 x_k 的个数，m 是值类型的个数。

n_k 满足以下关系：

$$\sum_{k=1}^{m}n_k = n$$

将式（6-1）变形如下：

$$\sum_{k=1}^{m}\frac{n_k}{n}x_k$$

这里，可以认为 $\frac{n_k}{n}$ 是该值被选定的概率，并假设其为 p_k。

则上述的表达式可以变形如下：

$$\sum_{k=1}^{m} P_k x_k$$

变形后的表达式与期望值的表达式相同。由此可见，平均值和期望值实际上意味着同一个概念。

在人工智能相关的解说中，平均值和期望值有时会表示相同的意思，这点请读者注意。

6·2·6 练习

问题

假设在示例 6.6 中，数组 p 是概率，数组 x 是利用概率 p 所得到的值。请计算出这种情况下的期望值。

示例 6.6 问题

```
In
import numpy as np
import matplotlib.pyplot as plt


p = np.array([0.75, 0.23, 0.02])   # 概率
x = np.array([100, 500, 10000])    # 值


# 期望值
```

解答示例

示例 6.7 解答示例

```
In
import numpy as np
import matplotlib.pyplot as plt
```

```
p = np.array([0.75, 0.23, 0.02])  # 概率
x = np.array([100, 500, 10000])   # 值

# 期望值
print(np.sum(p*x))
```

Out 390.0

6.3　方差与标准差

　　方差和标准差都是用于了解数据特征的值之一。两者都表示数据的分散程度。

6.3.1　什么是方差

　　方差由下式进行表示：

$$V = \frac{1}{n}\sum_{k=1}^{n}(x_k - \mu)^2$$

　　在该表达式中，n 是值的总数，x_k 是值，μ 是平均值。

　　表达式将值与平均值的差进行平方，再取平均值。

　　例如，如果 A 先生的体重为 55kg，B 先生为 45kg，C 先生为 60kg，D 先生为 40kg，则方差应表示如下：

$$\mu = \frac{55+45+60+40}{4} = 50(\text{kg})$$

$$V = \frac{(55-50)^2 + (45-50)^2 + (60-50)^2 + (40-50)^2}{4} = 62.5(\text{kg}^2)$$

　　接下来，假设 A 先生的体重为 51kg，B 先生为 49kg，C 先生为 52kg，D 先生为 48kg，再来求出方差。

　　这个例子的结果，与之前的相比，值的偏差变小了。

$$\mu = \frac{51 + 49 + 52 + 48}{4} = 50(\text{kg})$$

$$V = \frac{(51-50)^2 + (49-50)^2 + (52-50)^2 + (48-50)^2}{4} = 2.5(\text{kg}^2)$$

也就是说这个例子中，数值经过调整后，方差变得更小了。

综上所述，方差是表示数值偏差程度的指标。

6.3.2 实现方差

可以用 NumPy 的 var() 函数来计算方差（示例6.8）。

示例6.8　　使用 var() 函数计算方差

In

```
import numpy as np

# 用于计算方差的数据
x_1 = np.array([55, 45, 60, 40])
x_2 = np.array([51, 49, 52, 48])

# 计算方差
print(np.var(x_1))
print(np.var(x_2))
```

Out

```
62.5
2.5
```

6.3.3 什么是标准差

如下所示，标准差由方差的平方根决定。下式中的 σ 就是标准差：

$$\sigma = \sqrt{V} = \sqrt{\frac{1}{n}\sum_{k=1}^{n}(x_k - \mu)^2}$$

例如，如果 A 先生的体重为 55kg，B 先生为 45kg，C 先生为

60kg，D 先生为 40kg，那么体重的标准差如下：

$$\mu = \frac{55 + 45 + 60 + 40}{4} = 50(\text{kg})$$

$$\sigma = \sqrt{\frac{(55-50)^2 + (45-50)^2 + (60-50)^2 + (40-50)^2}{4}} \approx 7.91(\text{kg})$$

接下来，在值偏差较小的情况下重新计算标准差。A 先生的体重为 51kg，B 先生的体重为 49kg，C 先生的体重为 52kg，D 先生的体重为 48kg。

$$\mu = \frac{51 + 49 + 52 + 48}{4} = 50(\text{kg})$$

$$\sigma = \sqrt{\frac{(51-50)^2 + (49-50)^2 + (52-50)^2 + (48-50)^2}{4}} \approx 1.58(\text{kg})$$

如上所述，标准差与方差一样，也是衡量值变化程度的指标。

由于标准差单位的维度与原始值相同，因此标准差非常适合用来直观地表示值的分散程度。

6.3.4 实现标准差

标准差可以用 NumPy 的 std() 函数来获取（示例 6.9）。

示例 6.9　使用 std() 函数计算标准差

In

```python
import numpy as np

# 用于获取标准差的数据
x_1 = np.array([55, 45, 60, 40])
x_2 = np.array([51, 49, 52, 48])

# 计算标准差
print(np.std(x_1))
print(np.std(x_2))
```

```
7.905694150420948
1.5811388300841898
```

6 3 5 练习

问题

在示例 6.10 中，计算数组 x 的方差和标准差。

示例 6.10　问题

In
```
import numpy as np

x = np.array([51, 49, 52, 48])  # 用于获取方差和标准差的数据

# 方差和标准差
```

解答示例

示例 6.11　解答示例

In
```
import numpy as np

x = np.array([51, 49, 52, 48])  # 用于获取方差和标准差的数据

# 方差和标准差
print(np.var(x))
print(np.std(x))
```

Out
```
2.5
1.5811388300841898
```

6.4 正态分布与幂律

正态分布是最常用的数据分布方式，它同样也活跃在人工智能领域的各种场景中。而遵循幂律的分布则是一种比正态分布更广泛的数据分布方式。

6.4.1 什么是正态分布

正态分布（normal distribution）也被称为高斯分布（Gaussian distribution），是一种非常适用于自然界和人类的行动、性质等各种现象的数据分布。

例如，产品的尺寸、人的身高、测试成绩等基本遵循正态分布。正态分布可以用如图 6.1 所示的吊钟型图形来表示。

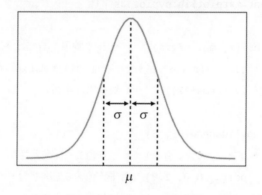

图 6.1　正态分布的图像

在图 6.1 中，横轴表示某个值，纵轴表示该值的频率和概率。μ 表示位于分布中心的平均值，σ 表示分布扩展状态的标准差。正态分布曲线由以下被称为概率密度函数的函数表示：

$$f(x) = \frac{1}{\sigma\sqrt{2\pi}} \exp\left(-\frac{(x-\mu)^2}{2\sigma^2}\right)$$

这个表达式稍微有些复杂，但如果平均值为 0，标准偏差为 1，那么它可以简化为如下的形式：

$$f(x) = \frac{1}{\sqrt{2\pi}} \exp\left(-\frac{x^2}{2}\right)$$

⑥④② 绘制正态分布曲线

　　使用概率密度函数绘制正态分布曲线。下面变换标准差绘制 3 条曲线，假设它们的平均值为 0（示例 6.12）。

| 示例 6.12 | 绘制正态分布曲线 |

In

```
%matplotlib inline

import numpy as np
import matplotlib.pyplot as plt

def pdf(x, mu, sigma):  # mu: 平均值 sigma: 标准差
    return 1/(sigma*np.sqrt(2*np.pi))*np.exp(-(x-mu) ⇨
**2 / (2*sigma**2))      # 概率密度函数

x = np.linspace(-5, 5)
y_1 = pdf(x, 0.0, 0.5)   # 平均值为0标准差为0.5
y_2 = pdf(x, 0.0, 1.0)   # 平均值为0标准差为1
y_3 = pdf(x, 0.0, 2.0)   # 平均值为0标准差为2

plt.plot(x, y_1, label="σ: 0.5", linestyle="dashed")
plt.plot(x, y_2, label="σ: 1.0", linestyle="solid")
plt.plot(x, y_3, label="σ: 2.0", linestyle="dashdot")
plt.legend()
```

6

概率和统计

```
plt.xlabel("x", size=14)
plt.ylabel("y", size=14)
plt.grid()

plt.show()
```

Out

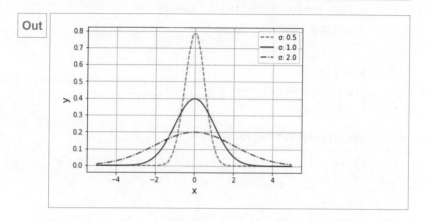

这样就完成了 3 条钟形正态分布曲线的绘制。从图中可以发现，标准差越小，宽度越窄；标准差越大，宽度越宽。

> ⚠ **ATTENTION**
>
> **图像**
>
> 在示例 6.12 的图像中，正态分布曲线与 x 轴之间的区域的面积为 1。这也对应了概率之和为 1。

6 4 3 正态分布随机数

使用 NumPy 的 random.normal() 函数，可以生成符合正态分布的随机数。用 matplotlib 的 hist() 函数将生成的数据显示为直方图（示例 6.13）。

In

```
import numpy as np
import matplotlib.pyplot as plt

# 生成正态分布随机数
s = np.random.normal(0, 1, 10000)    ⇨
# 平均值0、标准差1、10000个

# 直方图
plt.hist(s, bins=25)   # bins 为柱的数量

plt.xlabel("x", size=14)
plt.grid()

plt.show()
```

Out

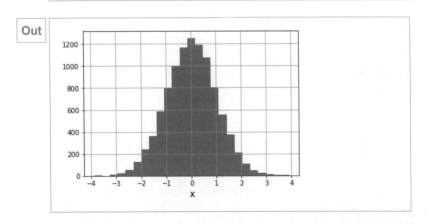

　　直方图现在具有与概率密度函数相同的形状，呈钟形分布。
　　虽然人工智能可以处理非常多的可变参数，但这些参数的初始值通常是根据正态分布随机确定的。

6.4.4 幂律是什么

幂律分布与正态分布一样，经常被用于自然和社会等各种现象。它比正态分布延伸范围更广泛，可以处理极端罕见的现象，如股票市场崩溃和大规模自然灾害等。

表示幂律的表达式如下，c 和 k 是常数：

$$f(x) = cx^{-k} \tag{6-2}$$

上述公式中，当 $k = 1$ 时，该等式呈反比。幂律的特征就如同反比曲线一样，延伸范围非常广泛。

示例 6.14 中的代码将式（6-2）绘制成了图像。

示例 6.14 　绘制幂律曲线的图像

In

```python
import numpy as np
import matplotlib.pyplot as plt

def power_func(x, c, k):
    return c*x**(-k)  # 式（6-2）

x =np.linspace(1, 5)
y_1 = power_func(x, 1.0, 1.0)  # c:1.0  k:1.5
y_2 = power_func(x, 1.0, 2.0)  # c:1.0  k:2.0
y_3 = power_func(x, 1.0, 4.0)  # c:1.0  k:4.0

plt.plot(x, y_1, label="k=1.0", linestyle="dashed")
plt.plot(x, y_2, label="k=2.0", linestyle="solid")
plt.plot(x, y_3, label="k=4.0", linestyle="dashdot")
plt.legend()

plt.xlabel("x", size=14)
plt.ylabel("y", size=14)
plt.grid()

plt.show()
```

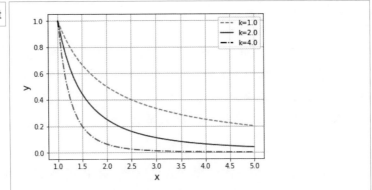

在正态分布中一旦曲线离开 0，概率就会立即下降到几乎为 0，但在幂律的情况下却很难下降到 0。利用这种延展性，可以处理一些概率上很少发生的现象。

6·4·5 遵循幂律的随机数

幂律分布中存在一种被称为帕累托分布的分布方法。帕累托分布的概率密度函数表达式如下：

$$f(x) = a\frac{m^a}{x^{a+1}}$$

这个表达式中，m 与 a 为常数。

示例 6.15 中的代码使用 NumPy 的 random.pareto() 函数生成符合帕累托分布的随机数，并将其显示为直方图。

示例 6.15　生成遵循帕累托分布的随机数的直方图

In
```
import numpy as np
import matplotlib.pyplot as plt

# 生成遵循帕累托分布的随机数
s = np.random.pareto(4, 1000)  # a=4、m=1、1000 个
```

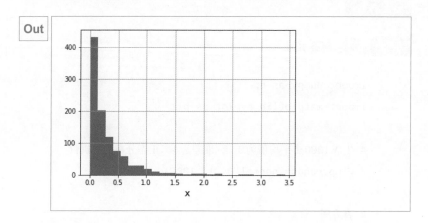

```
# 直方图
plt.hist(s, bins=25)

plt.xlabel("x", size=14)
plt.grid()

plt.show()
```

Out

可以发现，图像的坡度延展较长，x 较大时的采样频率更低。

实际使用的数据经常会遵循幂律，因此用人工智能处理问题时需要加以注意。

6.4.6 练习

问题

请补全示例 6.16 中的代码，生成 1000 个平均值为 0，标准差为 1，正态分布的随机数，并用直方图绘制出它们的分布。

示例 6.16　问题

In

```
import numpy as np
import matplotlib.pyplot as plt
```

```
# 生成1000个平均值为0，标准差为1，正态分布的随机数


# 直方图
plt.hist(x, bins=25)
plt.show()
```

解答示例

解答示例

In
```
import numpy as np
import matplotlib.pyplot as plt

# 生成1000个平均值为0，标准差为1，正态分布的随机数
x = np.random.normal(0, 1, 1000)

# 直方图
plt.hist(x, bins=25)
plt.show()
```

Out

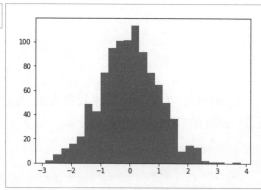

6.5 协方差

协方差是表示两组数据之间关系的数值，通常用于人工智能中的数据预处理。

6.5.1 什么是协方差

观察以下 X、Y 两组数据，假设每组数据的个数都为 n：

$$X = x_1, x_2, \cdots, x_n$$
$$Y = y_1, y_2, \cdots, y_n$$

这些数据的协方差 $Cov(X, Y)$ 可以由以下表达式表示：

$$Cov(X,Y) = \frac{1}{n}\sum_{k=1}^{n}(x_k - \mu_x)(y_k - \mu_y) \qquad (6\text{-}3)$$

等式中的 μ_x 是 X 的平均值，μ_y 是 Y 的平均值。

协方差的含义如下。

- 协方差大（正）：X 较大时 Y 也较大，X 较小时 Y 也有较小的倾向。
- 协方差接近 0：X 和 Y 关系不大。
- 协方差小（负）：X 较大 Y 较小，X 较小时 Y 有较大的倾向。仅凭这些解释很难理解它们的关系，下面举个例子。

6.5.2 协方差的示例

假设下面的 X 是 5 个学生的数学得分，Y 是这些学生的英语得分。

$$X = 50, 70, 40, 60, 80$$
$$Y = 60, 80, 50, 50, 70$$

由于每组数据的个数均为 5，因此 X 和 Y 的平均值如下：

$$\mu_x = \frac{50+70+40+60+80}{5} = 60$$

$$\mu_y = \frac{60+80+50+50+70}{5} = 62$$

此时，可以利用式（6-3）求出如下的协方差：

$$Cov(X,Y) = \frac{\begin{array}{c}(50-60)(60-62)+(70-60)(80-62)\\ +(40-60)(50-62)+(60-60)(50-62)\\ +(80-60)(70-62)\end{array}}{5}$$
$$= 120$$

经过上述计算，可以知道这个例子中的协方差为正的 120。

这意味着学生数学得分高，英语得分也有高的倾向。

再举一个例子。假设下面的 X 是数学的得分，Z 是语文的得分：

$$X = 50, 70, 40, 60, 80$$
$$Z = 60, 40, 60, 40, 30$$

由于每组数据的个数为 5，因此 X 和 Z 的平均值如下所示：

$$\mu_x = \frac{50+70+40+60+80}{5} = 60$$

$$\mu_z = \frac{60+40+60+40+30}{5} = 46$$

此时，可以利用式（6-3）求出如下的协方差：

$$Cov(X,Z) = \frac{\begin{array}{c}(50-60)(60-46)+(70-60)(40-46)\\ +(40-60)(60-46)+(60-60)(40-46)\\ +(80-60)(30-46)\end{array}}{5}$$
$$= -160$$

这个例子中的协方差是一个负值，为 −160。

这意味着，数学得分高会导致语文得分降低的倾向。

由此可见，协方差表示的是一个评价两个数据间关系的指标。

6.5.3 实现协方差

　　下面使用 NumPy 的 average() 函数来计算协方差。 使用图表将两个数据之间的关系进行可视化（示例 6.18）。

示例 6.18　协方差与数据倾向

```
%matplotlib inline

import numpy as np
import matplotlib.pyplot as plt

x = np.array([50, 70, 40, 60, 80])    # 数学得分
y = np.array([60, 80, 50, 50, 70])    # 英语得分
z = np.array([60, 40, 60, 40, 30])    # 语文得分

cov_xy = np.average((x-np.average(x))*(y-np.average(y)))
print("cov_xy", cov_xy)

cov_xz = np.average((x-np.average(x))*(z-np.average(z))).
print("cov_xz", cov_xz)

plt.scatter(x, y, marker="o", label="xy", s=40)    ⇨
# s 为标记的大小
plt.scatter(x, z, marker="x", label="xz", s=60)
plt.legend()

plt.xlabel("x", size=14)
plt.ylabel("y", size=14)
plt.grid()

plt.show()
```

```
cov_xy 120.0
cov_xz -160.0
```

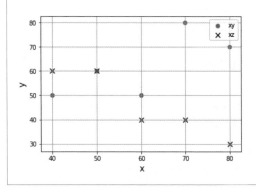

x 和 y 的数据有共同增加的趋势，此时他们的协方差是一个较大的正值。相反，x 和 z 的数据随着其中一个增加，另一个有减少的趋势。此时它们的协方差是一个较小的负值。

6.5.4 根据协方差生成数据

random.multivariate_normal() 函数使用协方差和正态分布生成数据。它会根据平均值和协方差随机生成一对数据。此函数要求用矩阵来指定协方差。

示例 6.19 中的代码可以生成具有不同协方差值的数据对，并将其绘制为散点图。

示例 6.19　　根据协方差生成数据

In

```
import numpy as np
import matplotlib.pyplot as plt

def show_cov(cov):
    print("--- Covariance:", cov, " ---")
    average = np.array([0, 0])  # x与y各自的平均数
```

```
        cov_matrix = np.array([[1, cov],
                               [cov, 1]])  # 用矩阵指定协方差

        # 根据协方差生成3000组数据。⇨
        # data为呈(3000, 2)这种形状的矩阵
        data = np.random.multivariate_normal(average, ⇨
cov_matrix, 3000)
        x = data[:, 0]  # 将第一列作为x坐标
        y = data[:, 1]  # 接下来的列作为y坐标

        plt.scatter(x, y, marker="x", s=20)

        plt.xlabel("x", size=14)
        plt.ylabel("y", size=14)
        plt.grid()

        plt.show()

show_cov(0.6)   # 协方差: 0.6
show_cov(0.0)   # 协方差: 0.0
show_cov(-0.6)  # 协方差: -0.6
```

Out

```
--- Covariance: 0.6  ---
```

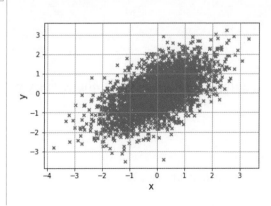

--- Covariance: 0.0 ---

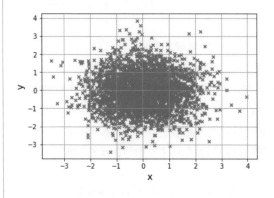

--- Covariance: -0.6 ---

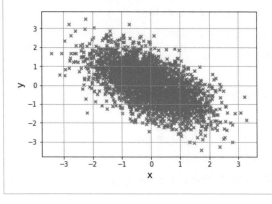

可以发现 x 和 y 之间的关系随协方差的大小而变化。

6 5 5 练习

问题

请补全示例 6.20 的代码，求出世界史和日本史成绩的协方差。

示例 6.20　问题

In
```
import numpy as np
import matplotlib.pyplot as plt
```

```
x = np.array([30, 70, 40, 60, 90])   # 世界史的成绩
y = np.array([20, 60, 50, 40, 80])   # 日本史的成绩

cov_xy =                         #（在此编写代码）协方差

print("cov_xy", cov_xy)

plt.scatter(x, y, marker="o", label="xy", s=40)
plt.legend()

plt.xlabel("x", size=14)
plt.ylabel("y", size=14)
plt.grid()

plt.show()
```

解答示例

示例 6.21　　解答示例

In

```
...

cov_xy = np.average((x-np.average(x))*(y-np.average⇨
(y)))   #（在此编写代码）协方差
print("cov_xy", cov_xy)

...
```

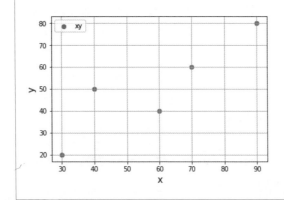

Out: cov_xy 380.0

6.6 相关系数

相关系数表示两组数据之间的关系。使用相关系数会比使用协方差更容易比较关系的大小。

6.6.1 什么是相关系数

看下面 X、Y 这 2 组数据，假设每组数据的个数都为 n。

$$X = x_1, x_2, \cdots, x_n$$
$$Y = y_1, y_2, \cdots, y_n$$

可以将这些数据的相关系数 ρ，用 X 和 Y 的协方差 $Cov(X, Y)$ 以及 X 和 Y 各自的标准差 σ_X，σ_Y 表示如下：

$$\rho = \frac{Cov(X,Y)}{\sigma_X \sigma_Y} \qquad (6-4)$$

此时，相关系数 ρ 的值为 $-1 \leqslant \rho \leqslant 1$ 范围的某个值。

当相关系数接近 +1 时，正相关较强，即当 X 变大时，Y 变大的倾向较强。

如果相关系数为 0，则 X 和 Y 之间没有关系。

当相关系数接近 –1 时，负相关较强，即当 X 变大时，Y 变小的倾向较强。

相关系数与协方差类似，但其优点是，在任何情况下，它的取值范围都在 $-1 \leqslant \rho \leqslant 1$ 内，因此可以更容易地用它来比较关系的强度。

6.6.2 相关系数示例

假设下面的 X 是数学科目的得分，Y 是英语科目的得分：

$$X = 50, 70, 40, 60, 80$$
$$Y = 60, 80, 50, 50, 70$$

可以按如下的方法计算 X 和 Y 的协方差及其标准差：

$$Cov(X,Y) = 120$$
$$\sigma_X = 14.14\cdots$$
$$\sigma_Y = 11.66\cdots$$

此时，根据式（6-4）可以按如下的方法求出相关系数：

$$\begin{aligned}
\rho &= \frac{Cov(X,Y)}{\sigma_X \sigma_Y} \\
&= \frac{120}{14.14\cdots \times 11.66\cdots} \\
&= 0.7276\cdots
\end{aligned}$$

通过上述计算，得到这个示例的相关系数约为 0.728。

这个结果是正相关，意味着数学得分高，英语得分也存在较高的倾向。

再举一个例子。下面的 X 是数学的得分，Z 是语文的得分：

$$X = 50, 70, 40, 60, 80$$
$$Z = 60, 40, 60, 40, 30$$

通过如下的方法计算 X 和 Z 的协方差及其标准差：

$$Cov(X,Z) = -160$$
$$\sigma_X = 14.14\cdots$$
$$\sigma_Z = 12.0$$

此时，通过式（6-4）可以按如下的方法求出相关系数：

$$\rho = \frac{Cox(X,Z)}{\sigma_X \sigma_Z}$$
$$= \frac{-160}{14.14\cdots \times 12.0}$$
$$= -0.9428\cdots$$

在这个示例中，相关系数是负值，约为 –0.943。

这是很强的负相关，意味着数学得分高，语文得分有大幅下降的倾向。如上所述，在任何情况下，相关系数都可以用$-1 \leqslant \rho \leqslant 1$来表示两个数据之间关系的强度。

6 6 3 在 Python 中计算相关系数

可以使用 NumPy 的 corrcoef() 函数计算相关系数。把用协方差和标准差计算所得的值与其进行比较（示例 6.22）。

示例 6.22　　使用 corrcoef() 函数计算相关系数

In

```
%matplotlib inline

import numpy as np
import matplotlib.pyplot as plt

x = np.array([50, 70, 40, 60, 80])   # 数学的分数
y = np.array([60, 80, 50, 50, 70])   # 英语的分数

print("--- 使用corrcoef()函数 ---")
print(np.corrcoef(x, y))   # 相关系数

print()

print("--- 根据协方差与标准差进行计算 ---")
cov_xy = np.average((x-np.average(x))*(y-np.average ⇨
(y)))   # 协方差
```

```
print(cov_xy/(np.std(x)*np.std(y)))   # 式（6-4）

plt.scatter(x, y)

plt.xlabel("x", size=14)
plt.ylabel("y", size=14)
plt.grid()

plt.show()
```

Out

```
--- 使用corrcoef()函数 ---
[[1.          0.72760688]
 [0.72760688 1.         ]]


--- 根据协方差与标准差进行计算 ---
0.7276068751089989
```

当使用corrcoef()函数时，得到的结果是2×2矩阵，相关系数位于右上角和左下角。可以发现结果与用协方差和标准差求得的相关系数相匹配。

6 6 4 练习

问题

请补全示例 6.23 中的代码，并使用 NumPy 的 corrcoef() 函数获得相关系数。再使用协方差和标准差求出相关系数，并与前者进行比较。

示例 6.23　　问题

In
```python
import numpy as np
import matplotlib.pyplot as plt

x = np.array([30, 70, 40, 60, 90])   # 世界史的成绩
y = np.array([20, 60, 50, 40, 80])   # 日本史的成绩

# 用corrcoef()函数计算并显示相关系数
print("--- 使用corrcoef()函数 ---")


print()

# 根据协方差和标准差计算并显示相关系数
print("--- 根据协方差和标准差计算 ---")



plt.scatter(x, y)

plt.xlabel("x", size=14)
```

```
plt.ylabel("y", size=14)
plt.grid()

plt.show()
```

解答示例

示例6.24　　解答示例

In

```
...

# 用corrcoef()函数计算并显示相关系数
print("--- 使用corrcoef()函数 ---")
print(np.corrcoef(x, y))

print()

# 根据协方差和标准差计算并显示相关系数
print("--- 根据协方差和标准差计算相关系数 ---")
cov_xy = np.average((x-np.average(x))*(y-np. ⇨
average(y)))
print(cov_xy/(np.std(x)*np.std(y)))

...
```

Out

```
--- 使用corrcoef()函数 ---
[[1.         0.88975652]
 [0.88975652 1.         ]]

--- 根据协方差和标准差计算相关系数 ---
0.8897565210026094
```

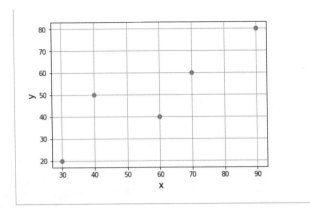

6.7 条件概率和贝叶斯定理

不仅仅在人工智能领域，贝叶斯定理是一个在各种领域都十分有用的概念。本节将在解说条件概率的基础上，学习贝叶斯定理。

6 7 1 什么是条件概率

条件概率是指在某一事件 B 发生的条件下，发生其他事件 A 的概率。

条件概率可以表示如下：

$$P(A \mid B)$$

该值表示事件 B 发生时 A 发生的概率。

可以通过下面的表达式计算条件概率：

$$P(A \mid B) = \frac{P(A \bigcap B)}{P(B)} \tag{6-5}$$

$P(B)$ 是事件 B 发生的概率。

$P(A \bigcap B)$是事件 A 和 B 同时发生的概率。可以认为是事件 B 中，A 发生的比例。

A 与 B 及$A \bigcap B$的关系如图 6.2 所示。

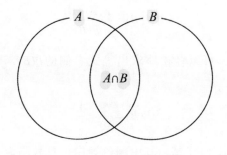

A   B   A∩B

图 6.2　*A* 与 *B* 及 *A* ∩ *B* 的关系

　　A 和 *B* 重复的区域，即事件 *A* 和事件 *B* 同时发生的区域就是 *A* ∩ *B*。式（6-5）所表示的条件概率可以被认为是图 6.2 所示的区域 *B* 中，区域 *A* ∩ *B* 所占的比例。

6 7 2 条件概率示例

　　下面用例 6.1 来解释条件概率。

例 6.1

袋子中分别装着 5 个白球和 5 个黑球。

白球中有 3 个写着数字 0，2 个写着数字 1。

黑球中有 2 个写着数字 0，3 个写着数字 1。

从这个袋子里取出了 1 个球，结果是白球。

　　计算这个白球上的数字为 0 的概率。此时，已经知道了球的颜色是白色，请记住这一点。

　　对 $P(A|B)$ 中的 *A* 和 *B* 进行如下设定：

　　A：号码为 0

　　B：是白球

　　接下来，用前文中的式（6-5）来计算条件概率。

$$P(A \mid B) = \frac{P(A \cap B)}{P(B)}$$

如下所示，可以轻松地求出等式右侧的 $P(B)$，即白球出现的概率：

$$P(B) = \frac{5}{10} = \frac{1}{2}$$

而袋中共有 10 个球，其中颜色为白色且号码为 0 的球有 3 个，$P(A \cap B)$ 的计算结果如下：

$$P(A \cap B) = \frac{3}{10}$$

因此，根据式（6-5），条件概率的计算如下：

$$P(A \mid B) = \frac{P(A \cap B)}{P(B)} = \frac{\frac{3}{10}}{\frac{1}{2}} = \frac{3}{5}$$

所以在取出的是白球的情况下，号码为 0 的概率为 3/5，也就是 60%。

虽然在这里处理的只是简单的问题，但条件概率表达式在处理更复杂的问题时，同样可以发挥十分强大的作用。

> **[!] ATTENTION**
>
> 概率
>
> 本例中虽然不使用条件概率，通过直觉也能求出该事件的概率为 3/5，但是为了让读者更好地理解条件概率，特意使用了条件概率表达式严谨地求出了概率。

6.7.3 什么是贝叶斯定理

贝叶斯定理的表达式如下：

$$P(B \mid A) = \frac{P(A \mid B)P(B)}{P(A)} \qquad (6\text{-}6)$$

想要确定条件概率 $P(B \mid A)$，需要使用到 $P(A \mid B)$ 以及 $P(A)$、$P(B)$。这里事件 B 发生的概率 $P(B)$ 被称为先验概率。事件 B 在事件 A 发生的条件下发生的概率即 $P(B \mid A)$，被称为后验概率。可以把贝叶斯定理公式，也就是式（6-6）当作将先验概率转换为后验概率的公式。

特别是在可以轻易求得 $P(A \mid B)$ 但很难求出 $P(B \mid A)$ 的情况下，贝叶斯定理可以发挥作用。

可以通过条件概率表达式导出贝叶斯定理。

观察下面这个将式（6-5）中 A 与 B 互换的等式：

$$P(B \mid A) = \frac{P(B \cap A)}{P(A)} \qquad (6\text{-}7)$$

因为 $P(A \cap B)$ 是 A 和 B 同时发生的概率，所以下面的关系成立：

$$P(A \cap B) = P(B \cap A)$$

因此，将式（6-7）的两侧除以式（6-5），可以导出以下的贝叶斯定理：

$$\frac{P(B \mid A)}{P(A \mid B)} = \frac{P(B)}{P(A)}$$

$$P(B \mid A) = \frac{P(A \mid B)P(B)}{P(A)}$$

6.7.4 贝叶斯定理的活用示例

来看一个有 0.01% 的日本人罹患某种疾病的例子。

根据检查，实际患病的人被判定为阳性的概率为 98%。

而未患病的人被判定为阴性的概率为 90%。

如果某人经过检查后被判定为阳性，那么这个人实际患病的可能性是百分之几呢？

假设检查结果为阳性的事件为 A_1，阴性为 A_2。

那么此时

$$P(A_2) = 1 - P(A_1)$$

上述的关系成立。

下面，假设实际患病的事件为 B_1，未患病事件为 B_2。那么此时下述的关系成立：

$$P(B_2) = 1 - P(B_1)$$

结合以上的内容，可以将式（6-6）所表达的贝叶斯定理利用如下：

$$P(B_1 \mid A_1) = \frac{P(A_1 \mid B_1)P(B_1)}{P(A_1)}$$

这里的 $P(B_1 \mid A_1)$ 为被判定为阳性时实际患病的概率。

下面计算等式右边的结果。

由于 $P(B_1 \mid A_1)$ 为被判定为阳性时实际患病的概率，根据问题给出的条件可以得到如下结果：

$$P(A_1 \mid B_1) = 0.98$$

而 $P(B_1)$ 是患病的概率，因此根据条件可得：

$$P(B_1) = 0.0001$$

至于 $P(A_1)$，由于它是被判定为阳性的概率，因此可以求出患病且被判定为阳性的概率与未患病但被判定为阳性的概率两者的和：

$$P(A_1) = P(B_1)P(A_1 \mid B_1) + P(B_2)P(A_1 \mid B_2)$$
$$= 0.0001 \times 0.98 + (1 - 0.0001) \times (1 - 0.9) = 0.100088$$

上面的等式中，$P(A_1 \mid B_2)$ 求出的是未患病但被判定为阳性的事件的概率。因此，被判定为阳性且实际患病的事件的概率如下：

$$P(B_1 \mid A_1) = \frac{P(A_1 \mid B_1)P(B_1)}{P(A_1)} = \frac{0.98 \times 0.0001}{0.100088} = 0.00097914$$

结果显示检查呈阳性，且实际患病的概率只有 0.1% 左右。

看起来即使被诊断为呈阳性，好像也没有必要过于担心。

通过使用贝叶斯定理进行贝叶斯推理可以对不确定事件进行预测，这种预测常常被灵活应用于过滤垃圾邮件以及对文件或新闻报道的分类等行为。

在人工智能中，有时会通过贝叶斯推理来推定参数。

⑥ ⑦ ⑤ 练习

问题

例 6.2

> 袋子中分别装着3个白球和3个黑球。
>
> 白球中有2个写着数字0，1个写着数字1。
>
> 黑球中有1个写着数字0，2个写着数字1。
>
> 从这个袋子里取出了1个球，结果是白球。

请计算球上的号码为 0 的概率。可以将答案写在纸上，也可以用 LaTeX 将其写在 Jupyter Notebook 的单元格中。

解答示例

假设 $P(A\,|\,B)$ 中，A 和 B 事件内容如下：

A：号码为 0

B：是白球

下面根据式（6-5），可以求得条件概率如下：

$$P(A\,|\,B) = \frac{P(A \bigcap B)}{P(B)}$$

等式右侧的 $P(B)$ 为出现白球的概率，计算结果如下：

$$P(B) = \frac{3}{6} = \frac{1}{2}$$

$P(A \bigcap B)$ 表示袋子中有 6 个球、且白色球号码为 0 的概率。它的计算结果如下：

$$P(A\cap B) = \frac{2}{6} = \frac{1}{3}$$

由此可得，条件概率 $P(A\,|\,B)$ 的计算结果如下：

$$P(A\,|\,B) = \frac{P(A\cap B)}{P(B)} = \frac{\frac{1}{3}}{\frac{1}{2}} = \frac{2}{3}$$

6.8 似然

似然（likelihood）被用于表示数据的可能性。

6.8.1 什么是似然

看下面这组有 n 个元素构成的数据：

$$x_1, x_2, \cdots, x_n$$

出现这些值的概率如下所示：

$$p(x_1), p(x_2), \cdots, p(x_n)$$

此时，可以将似然表示如下：

$$p(x_1)p(x_2)\cdots p(x_n) = \prod_{k=1}^{n} p(x_k)$$

如上所示，似然其实是所有概率的乘积。

现在，复习一下概率密度函数。可以用下面的概率密度函数来表示正态分布概率，其中 μ 为平均值，σ 为标准差。

$$p(x) = \frac{1}{\sigma\sqrt{2\pi}}\exp\left(-\frac{(x-\mu)^2}{2\sigma^2}\right)$$

当数据遵循某平均值与标准差的正态分布时，可以用概率密度函数将似然表达如下：

$$L = \prod_{k=1}^{n} p(x_k) = \left(\frac{1}{\sigma\sqrt{2\pi}}\right)^n \prod_{k=1}^{n} \exp\left(-\frac{(x_k - \mu)^2}{2\sigma^2}\right)$$

$$\qquad\qquad = \left(\frac{1}{\sigma\sqrt{2\pi}}\right)^n \exp\left(-\sum_{k=1}^{n}\frac{(x_k - \mu)^2}{2\sigma^2}\right) \qquad (6\text{-}8)$$

由于似然是概率的乘积，所以这样放置不管会导致结果无限趋近 0。此外，由于表达式以乘积的形式存在，这样还会导致难以对其进行 微分的问题出现。所以，经常会以对数的形式来处理似然。当似然为 对数时，其值上下的趋势可以保持不变。

对数似然在被假定为正态分布的情况下可以表示如下：

$$\log L = \sum_{k=1}^{n} \log p(x_k) = n\log\left(\frac{1}{\sigma\sqrt{2\pi}}\right) - \sum_{k=1}^{n}\frac{(x_k - \mu)^2}{2\sigma^2} \qquad (6\text{-}9)$$

以上就是似然所代表的含义，接下来会结合代码的执行结果来继 续对其进行说明。

6.8.2 似然较小的情况

示例 6.25 中的代码将数据叠加在正态分布的概率密度函数上。概 率密度函数的平均值为 0，标准差为 1。下面计算数据遵循概率密度函 数时的似然以及对数似然并将结果显示出来。

示例 6.25　似然较小情况下的数据与概率密度函数

In

```python
%matplotlib inline

import numpy as np
import matplotlib.pyplot as plt


x_data = np.array([2.4, 1.2, 3.5, 2.1, 4.7])   # 数据
y_data = np.zeros(5)              # 用散点图显示x_data的数据
```

```
mu = 0      # 平均值
sigma = 1   # 标准差

def pdf(x, mu, sigma):
    return 1/(sigma*np.sqrt(2*np.pi))*np.exp(-(x-mu)⇨
**2 / (2*sigma**2))   # 概率密度函数

x_pdf = np.linspace(-5, 5)
y_pdf = pdf(x_pdf, mu, sigma)

plt.scatter(x_data, y_data)
plt.plot(x_pdf, y_pdf)

plt.xlabel("x", size=14)
plt.ylabel("y", size=14)
plt.grid()

plt.show()

print("--- 似然 ----")
print(np.prod(pdf(x_data, mu, sigma)))   ⇨
# 根据式（6-8）计算似然

print("--- 对数似然 ----")
print(np.sum(np.log(pdf(x_data, mu, sigma))))   ⇨
# 根据式（6-9）计算对数似然
```

Out

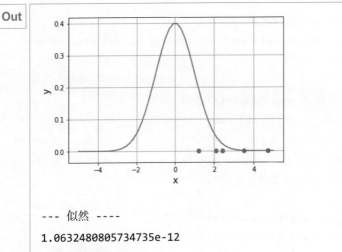

--- 似然 ----

1.0632480805734735e-12

--- 对数似然 ----

-27.569692666023364

可以发现数据偏离了概率密度函数。这代表假定在这种正态分布的情况下，示例中的这些数据的合理性不足。实际上，似然与对数似然的值偏小。

6.8.3 似然较大的情况

接下来更改概率密度函数的标准差和平均值。通过 x_data 计算标准差和平均值，并使用这些结果（示例 6.26）。

示例 6.26　似然较大情况下的数据与概率密度函数

In
```
import numpy as np
import matplotlib.pyplot as plt

x_data = np.array([2.4, 1.2, 3.5, 2.1, 4.7])  # 数据
y_data = np.zeros(5)

mu = np.average(x_data)   # 数据的平均值
sigma = np.std(x_data)    # 数据的标准差
```

```
def pdf(x, mu, sigma):
    return 1/(sigma*np.sqrt(2*np.pi))*np.exp(-(x-mu)⇨
**2 / (2*sigma**2))   # 概率密度函数

x_pdf = np.linspace(-3, 7)
y_pdf = pdf(x_pdf, mu, sigma)

plt.scatter(x_data, y_data)
plt.plot(x_pdf, y_pdf)

plt.xlabel("x", size=14)
plt.ylabel("y", size=14)
plt.grid()

plt.show()

print("--- 似然 ----")
print(np.prod(pdf(x_data, mu, sigma)))   ⇨
# 根据式（6-8）计算似然

print("--- 对数似然 ----")
print(np.sum(np.log(pdf(x_data, mu, sigma))))   ⇨
# 根据式（6-9）计算对数似然
```

Out

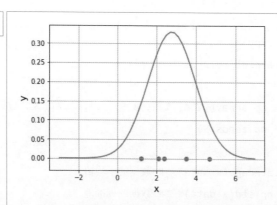

```
--- 似然 ----
0.0003211757807192693
--- 对数似然 ----
-8.043521981227514
```

可以发现正态分布曲线与数据的广度相符。当假设了这种概率密度函数时，示例中的数据的合理性显得更高。

而实际上，这个示例的似然与对数似然都比上一个示例中的要大很多。

以上结果表明，当以正态分布等概率分布对似然进行假定时，它所表示的是数据的合理性。当假定的是正态分布时，将数据的标准差和平均值应用于概率密度函数会让似然得到最大值，而从数据中获得可以使似然达到最大值的概率分布的参数的过程被称作最大似然估计。

⑥⑧④ 似然与参数

虽然也可以通过偏微分来进行最大似然估计，但是现在先用图像来确认假设为正态分布时的最大似然。示例 6.27 中的代码可以显示出将平均值进行固定后，在变更标准差时似然的变化。

示例 6.27　横轴为标准差，纵轴为对数似然的图像。虚线表示数据的标准差

```
In
import numpy as np
import matplotlib.pyplot as plt

x_data = np.array([2.4, 1.2, 3.5, 2.1, 4.7])  # 数据

mu = np.average(x_data)   # 数据的平均值
sigma = np.std(x_data)    # 数据的标准差

def pdf(x, mu, sigma):
    return 1/(sigma*np.sqrt(2*np.pi))*np.exp(-(x-mu)⇨
**2 / (2*sigma**2))        # 概率密度函数

def log_likelihood(p):
    return np.sum(np.log(p))  # 对数似然
```

```
x_sigma = np.linspace(0.5, 8)     # 用于横轴的标准差
y_loglike = []                    # 用于纵轴的对数似然
for s in x_sigma:
    log_like = log_likelihood(pdf(x_data, mu, s))
    y_loglike.append(log_like)  # 向纵轴追加对数似然

plt.plot(x_sigma, np.array(y_loglike))
plt.plot([sigma, sigma], [min(y_loglike), ⇨
max(y_loglike)], linestyle="dashed")   ⇨
# 在数据的标准差位置画一条垂直线

plt.xlabel("x_sigma", size=14)
plt.ylabel("y_loglike", size=14)
plt.grid()

plt.show()
```

Out

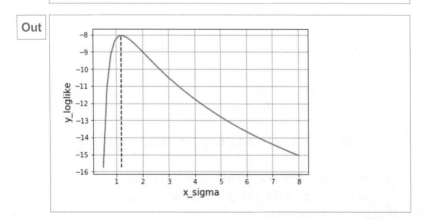

通过图像可以发现正态分布的标准差正平滑地对对数似然进行变更。虚线表示数据的标准差，可以发现此处纵轴上的对数似然为最大。最大的对数似然也意味着似然在此达到最大值。

利用上述的最大似然估计，可以从数据中估计出最具有妥当性的概率分布。

问题

请补全示例 6.28 中的代码，计算数据的似然和对数似然，假设正态分布的平均值为 4.0，标准差为 0.8。

示例 6.28 问题

```
In
```

```python
import numpy as np
import matplotlib.pyplot as plt

x_data = np.array([2.4, 1.2, 3.5, 2.1, 4.7])  # 数据
y_data = np.zeros(5)

mu = 4.0     # 平均值
sigma = 0.8  # 标准差

def pdf(x, mu, sigma):
    return 1/(sigma*np.sqrt(2*np.pi))*np.exp(-(x-mu)⇨
**2 / (2*sigma**2))   # 概率密度函数

x_pdf = np.linspace(-1, 9)
y_pdf = pdf(x_pdf, mu, sigma)

plt.scatter(x_data, y_data)
plt.plot(x_pdf, y_pdf)

plt.xlabel("x", size=14)
plt.ylabel("y", size=14)
plt.grid()

plt.show()

print("--- 似然 ----")
```

```
# 在该行计算似然


print("--- 对数似然 ----")
# 在该行计算对数似然
```

解答示例

示例 6.29　　解答示例

In

```
...


print("--- 似然 ----")
print(np.prod(pdf(x_data, mu, sigma)))    # 在该行计算似然


print("--- 对数似然 ----")
print(np.sum(np.log(pdf(x_data, mu, sigma))))    ⇨
# 在该行计算对数似然
```

Out

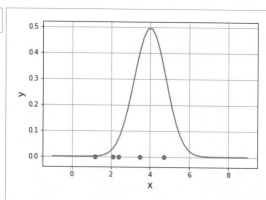

```
--- 似然 ----
3.0516524826983536e-07
--- 对数似然 ----
-15.002412409452313
```

6.9 信息量

信息量是表示某一事件具有多少信息的尺度。

6·9·1 什么是信息量

信息量是在"信息论"中为了定量地处理信息而定义的概念。信息量的对象不单单指某个事件，该事件信息量的平均值有时也被称为信息量。前者被称为选择信息量（自熵），后者则被称为平均信息量（熵）。本节将结合这些概念，来解释交叉熵这一在机器学习中经常被用于表示误差的概念。

> ⚠ **ATTENTION**
>
> 熵
>
> 熵原本是物理学领域中热力学和统计力学中的概念。由于在信息论中，出现了在数学角度上与统计物理学中计算熵时基本一致的计算公式，因此这个概念也被称为"熵"。

6·9·2 选择信息量（自熵）

假设某一事件 E 发生的概率为 $P(E)$，此时它的选择信息量 $I(E)$ 可以用以下表达式表示：

$$I(E) = -\log_2 P(E)$$

如上所示，选择信息量其实是将概率的对数的值进行负的表示。经常会选择 2 作为对数的底，但其实选择什么样的底本质上并没有区别。

例如，在投掷一枚两面都为正面的特殊硬币时，发生"投硬币后正面朝上"这个事件的概率为 1，那么此时事件的选择信息量就是 $-\log_2 1$，值为 0。

通常，当投掷一面为正面，一面为反面的硬币时，发生"正面朝上"这个事件的概率为 1/2，它的选择信息量为 $-\log_2 \dfrac{1}{2}$，值为 1。

由此可见，事件发生的概率越小（罕见），那么选择信息量的值则会越大。

选择信息量是衡量某个事件有多难发生的尺度，而并不是表示其有用性的尺度。例如，无论中奖概率为 1/100 的轮盘游戏的赏金是 1 亿日元还是 100 日元，这两个中奖事件本身的选择信息量并没有区别。

⑥⑨③ 将选择信息量图表化

下面绘制一个图表来了解选择信息量的图像，其中横轴为概率，纵轴为选择信息量。可以用 NumPy 的 log2() 函数来计算底为 2 的对数（示例 6.30）。

示例 6.30　概率与选择信息量

In

```
%matplotlib inline

import numpy as np
import matplotlib.pyplot as plt

x = np.linspace(0.01, 1)   # 由于无法取0的对数，因此设为0.01
y = -np.log2(x)            # 选择信息量

plt.plot(x, y)

plt.xlabel("x", size=14)
plt.ylabel("y", size=14)
plt.grid()

plt.show()
```

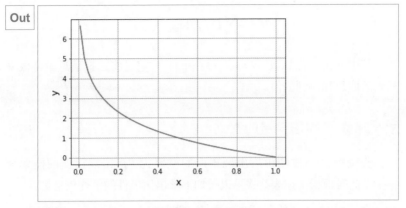

Out

随着概率的上升，选择信息量单调递减。当概率为 1 时，选择信息量为 0。而当概率向 0 趋近时，选择信息量无限递增。由此可以发现选择信息量是衡量事件发生难易程度的尺度。

另外，选择信息量具有"可求和"的性质。下面来看一个扑克牌的例子。

从没有王牌的 52 张牌中抽到黑桃 1 的概率为 1/52。而这一个事件的选择信息量为 $-\log_2\dfrac{1}{52} = \log_2 52$。此时，利用了 $-\log\dfrac{1}{a} = \log a$ 这种关系。

而由于抽到黑桃的概率为 1/4，因此它的选择信息量为 $-\log_2\dfrac{1}{4} = \log_2 4$。抽到扑克牌面为 1 的概率为 1/13，选择信息量为 $-\log_2\dfrac{1}{13} = \log_2 13$。

那么根据 $\log_c a + \log_c b = \log_c ab$ 的关系可得

$$\log_2 4 + \log_2 13 = \log_2 52$$

结果表明，"抽到黑桃"与"抽到 1"的选择信息量的和与"抽到黑桃 1"的值完全相等。

由此可见，选择信息量具有可求和这一便利的性质。

6·9·4 平均信息量（熵）

平均信息量也可以被简单地称为熵，或者香农信息量。平均信息量 H 的定义式如下：

$$H = -\sum_{k=1}^{n} P(E_k) \log_2 P(E_k)$$

其中 n 是事件总数，E_k 表示每件事件。它是将选择信息量与概率相乘后取总和得到的值。

6 9 5 平均信息量的意义

假设投掷一枚硬币后出现正面的概率为 P，出现反面的概率为 $1-P$。此时根据上述表达式可以按如下求出该事件的平均信息量：

$$H = -P\log_2 P - (1-P)\log_2(1-P)$$

下面绘制一下它的图像。用示例 6.31 中的代码可以绘制出一个横轴为概率，纵轴为平均信息量的图表。

示例 6.31　绘制概率与平均信息量的图表

In

```
import numpy as np
import matplotlib.pyplot as plt

# 由于无法取0的对数，因此将范围设为从0.01到0.99
x = np.linspace(0.01, 0.99)
y = -x*np.log2(x) - (1-x)*np.log2(1-x)   # 平均信息量

plt.plot(x, y)

plt.xlabel("x", size=14)
plt.ylabel("y", size=14)
plt.grid()

plt.show()
```

Out

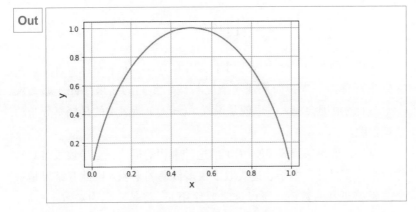

在该图表中，当硬币正面出现的概率接近 0 和 1 时，平均信息量接近 0，当概率到达 0.5 时平均信息量达到最大值 1。

这表示，在结果难以预测时平均信息量较大，预测较容易时平均信息量较小。也就是说，当某个事件的发生概率完全相同，即无法预测会发生什么的时候平均信息量会达到最大。也表示发生概率的偏差越大，平均信息量则越小。平均信息量也是衡量信息的无序性和不确定性的标准。

6·9·6 交叉熵

交叉熵（Cross Entropy）是衡量概率分布与预期值之间的距离的尺度。以下内容，将解释如何理解交叉熵。

1.存在事件发生或不发生2种情况的场合

假设事件发生的概率为 P，那么事件不发生的概率则为 $1-P$。

此时，利用"只取 0 或 1"的变量 t 将上述的两者综合起来，那么可以总结出下面这样一个概率：

$$P^t(1-P)^{1-t}$$

当 $t=0$ 时，上述表达式结果为 $1-P$，表示事件不发生的概率。而当 $t=1$ 时，该表达式结果为 P，表示事件发生的概率。

下面，向表达式中导入上一节中讲解过的似然。当另有 n 个事件存在时，它的似然如下：

$$L = \prod_{k=1}^{n} P_k^{t_k} (1 - P_k)^{1-t_k} \quad\quad (6\text{-}10)$$

在式（6-10）中，P_k 表示事件发生的概率，t_k 表示该事件是否实际发生。这样一来，如果现实情况与概率预测的结果一样，那么式（6-10）的值则会变大。也就是说式（6-10）所表示的是概率分布的合理程度。

但是，如果保留式（6-10）的这种乘积的形式，会导致很难对其进行微分。另外，由于表达式取了很多概率的乘积，因此其结果是一个非常接近 0 的数值。所以这时要使用 log 将其变形为对数。然后，反转正负符号，方便利用梯度下降法等方法使其最优化。经过这些操作后，式（6-10）将会变形如下：

$$
\begin{aligned}
E = -\log L &= -\log \prod_{k=1}^{n} P_k^{t_k} (1 - P_k)^{1-t_k} \\
&= -\sum_{k=1}^{n} \left(t_k \log P_k + (1 - t_k) \log (1 - P_k) \right)
\end{aligned}
\quad\quad (6\text{-}11)
$$

式（6-11）中的 E 就被称为交叉熵。将这个交叉熵最小化的操作等同于将式（6-10）中的似然最大化。也就意味着，如果交叉熵越小，那么概率分布越合理。

当用神经网络这种人工智能对两个组进行分类时，为了使这种交叉熵最小化，通常会进行训练学习。

2.有任意一个事件发生的场合

下面，考虑的不是事件发生或不发生这 2 种情况，而是在 m 个事件中有任意一个事件发生时的交叉熵。

也就是说，当 P_j 为事件发生的概率的场合：

$$\sum_{j=1}^{m} P_j = 1$$

在这种情况下，可以先把发生某事件的概率归纳如下：

$$\prod_{j=1}^{m} P_j^{t_j}$$

在上面的表达式里，$t_1, t_2, \cdots, t_m$ 中只有一个为 1，其余为 0。

此时，如果上述事件发生了 n 次，那么它的似然可以表示如下：

$$L = \prod_{k=1}^{n} \prod_{j=1}^{m} P_{kj}^{t_{kj}}$$

$t_{k1}, t_{k2}, \cdots, t_{km}$ 中只有一个为 1，其余为 0。P_{kj} 表示事件发生的概率，t_{kj} 表示是否实际发生了事件。这里的计算，需要为每个量添加 2 个下标。

通过取其对数并将符号反转，可以将交叉熵表示如下：

$$E = -\log L = -\log \prod_{k=1}^{n} \prod_{j=1}^{m} P_{kj}^{t_{kj}} = -\sum_{k=1}^{n} \sum_{j=1}^{m} (t_{kj} \log P_{kj}) \qquad （6\text{-}12）$$

在用神经网络将对象分类为 3 个以上时，经常会将上述的交叉熵最小化来进行学习。

也可以认为式（6-11）、式（6-12）表示的是预测结果（概率）和正确答案（现实）的误差，这种函数被称为误差函数或损失函数。误差函数有几种类型，如本书第 7 章中将学习到的平方和误差等。

⑥⑨⑦ 计算交叉熵

示例 6.32 使用了式（6-11）来计算交叉熵。分别计算了当预测结果与正确答案相悖以及预测结果与正确答案相近两种情况下的交叉熵。需要对 log() 中的值加上一个微小值 delta，以防止其变为 0。

示例 6.32　计算交叉熵

In

```
import numpy as np


delta = 1e-7   # 微小值


def cross_entropy(p, t):
    return -np.sum(t*np.log(p+delta) + (1-t)*np.log⇨
(1-p+delta))  # 交叉熵
```

```
p_1 = np.array([0.2, 0.8, 0.1, 0.3, 0.9, 0.7])  ⇨
# 与正确答案相悖
p_2 = np.array([0.7, 0.3, 0.9, 0.8, 0.1, 0.2])  ⇨
# 与正确答案相近
t = np.array([1, 0, 1, 1, 0, 0])  # 正确答案

print("--- 预测结果与正确答案相悖 ----")
print(cross_entropy(p_1, t))
print("--- 预测结果与正确答案相近 ----")
print(cross_entropy(p_2, t))
```

Out
```
--- 预测结果与正确答案相悖 ----
10.231987952842859
--- 预测结果与正确答案相近 ----
1.3703572638850776
```

　　如果预测结果与正确答案相距甚远，也就是在预测不合理的情况下，交叉熵值较大。与此相对，当预测结果和正确答案相近，即预测妥当的情况下，交叉熵较小。

　　在进行机器学习的过程中如果可以令这种交叉熵变小，那么预测精度就会逐渐提高。

6 9 8 练习

问题

　　请补全示例 6.33 中的代码，计算投掷硬币后，正面朝上的概率为 0.6，背面朝上的概率为 0.4 时事件的平均信息量。

示例 6.33　问题

```
In    import numpy as np

      p = 0.6

      # 计算并显示平均信息量
```

解答示例

示例 6.34　解答示例

```
In    import numpy as np

      p = 0.6

      # 计算并显示平均信息量
      print(-p*np.log2(p) - (1-p)*np.log2(1-p))
```

```
Out   0.9709505944546686
```

✏️ 专栏

什么是自然语言处理

　　人工智能经常被用于"自然语言处理"（natural language processing, NLP）。自然语言是指汉语、日语和英语等人们日常使用的语言，而自然语言处理就是指用计算机处理这种自然语言的技术。

　　那么，在什么样的情况下需要用到人工智能的自然语言处理呢？

　　首先用到它的就是Google等搜索引擎。为了构建搜索引擎，需要进行高级的自然语言处理，以便从关键词中正确理解用户的意图。机器翻译也会使用到自然语言处理。根据语言的不同，词意上的细微差别也不同，处理这些内容是一项很困难的任务，但现在通过自然语言处理技术已经逐渐可以实现高精度的翻译。

垃圾邮件过滤器也会使用自然语言处理。我们可以免受垃圾邮件的骚扰，这也要归功于自然语言处理。

此外，自然语言处理也在逐渐被应用于各种领域，如预测转换、语音助手、小说写作和交互系统等。

在自然语言处理中，经常会使用到递归神经网络（recurrent neural network，RNN），它也是一种神经网络。

RNN可以像我们的大脑一样，根据"语境"做出判断。这里所提到的语境是指事物的时间变化。我们举个例子来说明大脑根据上下文进行判断的过程，比如在骑自行车时，我们要考虑到行人和汽车以及现在自行车的位置和速度等各种物体的时间变化来决定前进路线。另外，会话中的下一个单词会强烈依赖于它前面的单词。

RNN可以将时间变化的数据，即时间序列数据作为输入或监督数据，这种时间序列数据包括声音、文章、动画、股价、产业用机械的状态等。

简单的RNN具有不能保持长期记忆的缺点，但通过应用LSTM和GRU等RNN的派生技术，这些缺点正在被逐渐克服。

如果让RNN去学习如何预测下一个单词和字符，那么就有可能让它自动生成语句。该技术可以被应用于聊天机器人和小说的自动写作等。或许人工智能通过自然语言处理，自动生成像本书这样的书籍的时代即将到来。而如果这样的事情可以被实现，那么人工智能应该同样也可以自动生成计算机的程序和演示资料等。那么在接下来的时代，更关注的可能就是让人工智能不仅是"学生"，还能成为"老师"。

第**7**章 利用机器学习实践数学模型

在本章中，将把迄今为止学到的数学知识应用于机器学习这种人工智能技术中。

机器学习所处理的问题，大致可以分为回归和分类两种，本章将首先通过实例逐一地对其进行解说。继而，在学习过神经网络这一机器学习的分支的概要知识基础上，让单一神经元进行学习。通过进行可实际运行的最小规模的机器学习，来逐渐掌握如何将数学活用到机器学习中。

7.1　回归与过度学习

本节利用相对简单的机器学习中的回归分析，来学习数据的倾向。

⑦①① 回归与分类

考虑用模型（用数学式等表示的定量规则）$Y = f(X)$ 来捕捉数据的倾向。在这个模型里，X 和 Y 表示 $Y = \{y_1, y_2, \cdots, y_m\}$，$X = \{x_1, x_2, \cdots, x_n\}$，分别由 m、n 个值构成。

此时，如果 Y 的各值是连续值，则称为回归，如果 Y 的各值是 0、1 等离散值，则称为分类。机器学习所处理的问题，大致可以分为回归和分类两种。

⑦①② 回归分析与多项式分析

通过回归进行的分析被称为回归分析。回归分析可以看作是一种用模型学习数据趋势的机器学习。在最简单的回归分析中，可以将 $y = ax + b$ 这一线性公式应用于数据。

在本节中，将使用多项式回归来进行机器学习，该回归将多项式应用于数据。在第 6 章学习过，可以像下面一样用求和的形式来表达 n 次多项式：

$$f(x) = \sum_{k=0}^{n} a_k x^k \tag{7-1}$$

此时，$a_0, a_1, \cdots, a_n$ 是函数的参数。

通过将此表达式应用于数据，可以捕捉数据的特征并预测出未知值。

⑦①③ 最小二乘法

最小二乘法是指将下述等式中的平方和 J 最小化，求出函数 $f(x)$ 的参数的方法。

$$J = \sum_{j=1}^{m} \left(f(x_j) - t_j \right)^2$$

等式中，t_j 表示每个数据。像这样，通过将函数的输出与各数据相减，然后为差的平方求和，就可以表示出平方和。

在机器学习中，经常会把这个结果乘 1/2 之后作为误差，这个平方和误差的表达式如下：

$$E = \frac{1}{2} \sum_{j=1}^{m} \left(f(x_j) - t_j \right)^2 \tag{7-2}$$

将结果乘以 1/2 是为了在微分时便于处理。

调整函数的参数以使此误差最小化，代表着让函数学习如何表示数据趋势。

7 1 4 利用梯度下降法最小化误差

在使用式（7-1）表示的多项式进行多项式回归的情况下，需要调整各个参数，以使式（7-2）中的平方和误差最小化。

将式（7-1）代入式（7-2）后会变成下面的形式：

$$E = \frac{1}{2} \sum_{j=0}^{m} \left(\sum_{k=0}^{n} a_k x_j^k - t_j \right)^2 \tag{7-3}$$

为了使误差最小化，需要利用第 6 章所讲解的梯度下降法。

在对式（7-3）中的 E 进行最小化时，可以用以下等式表示梯度下降法，设 $0 \leqslant i \leqslant n$：

$$a_i = a_i - \eta \frac{\partial E}{\partial a_i} \tag{7-4}$$

用该等式将参数 a_0, a_1, $\cdots$, a_n 更新，需要利用 a_i 对误差 E 进行偏微分求出 $\dfrac{\partial E}{\partial a_i}$。

可以用下面的方法，用连锁律求出 $\dfrac{\partial E}{\partial a_i}$。首先，按如下设定 u_j。

$$u_j = \sum_{k=0}^{n} a_k x_j^k - t_j \tag{7-5}$$

此时，E 可以被表示如下：

$$E = \frac{1}{2} \sum_{j=1}^{m} u_j^2$$

接下来，用 a_i 对 E 进行偏微分，连锁律可以用下面的方法展开：

$$\frac{\partial E}{\partial a_i} = \frac{1}{2} \sum_{j=1}^{m} \frac{\partial u_j^2}{\partial u_j} \frac{\partial u_j}{\partial a_i} \tag{7-6}$$

然后，用下面的方法分别求出 $\sum$ 中的内容：

$$\frac{\partial u_j^2}{\partial u_j} = 2u_j$$

$$\frac{\partial u_j}{\partial a_i} = x_j^i$$

通过对式（7-5）的偏微分，得到上述内容。

经过上述一系列计算，式（7-6）被变形如下：

$$\begin{aligned}
\frac{\partial E}{\partial a_i} &= \frac{1}{2} \sum_{j=1}^{m} 2u_j x_j^i \\
&= \sum_{j=1}^{m} u_j x_j^i \\
&= \sum_{j=1}^{m} \left(\sum_{k=0}^{n} a_k x_j^k - t_j \right) x_j^i \\
&= \sum_{j=1}^{m} \left(f(x_j) - t_j \right) x_j^i
\end{aligned} \tag{7-7}$$

通过使用此等式和式（7-4）多次更新每个参数 a_i，逐渐减小平方和 E 的误差。

由上述的这种误差参数引起的偏微分，也常常被称为斜率。

尤其是在近些年备受瞩目的深度学习中，斜率的计算方法可以说是算法的核心。

7 1 5 所使用的数据

本节中被用于多项式回归的数据是在 sin() 函数中加上噪声，由示例 7.1 中的代码生成的。NumPy 的 random.randn() 函数会返回参数的数量遵循正态分布的随机数。在本例中，会将其乘以 0.4 作为噪声。

此外，为了使参数更容易收敛，请确保输入 X 在 –1 ~ 1 的范围内。

示例 7.1　　为 sin() 函数加入噪声后的数据

```
%matplotlib inline

import numpy as np
import matplotlib.pyplot as plt

X = np.linspace(-np.pi, np.pi)  # 输入
T = np.sin(X)    # 数据
plt.plot(X, T)  # 添加噪声前

T += 0.4*np.random.randn(len(X))  ⇨
# 添加遵循正态分布的噪声
plt.scatter(X, T)  # 添加噪声后

plt.show()

X /= np.pi  # 为了方便收敛，将 X 的范围限定在 -1 至 1 之间
```

Out

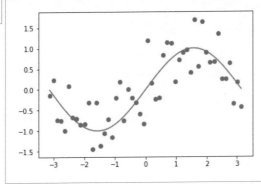

从输出结果可以看出，图像以 sin() 函数为基础，生成了在某种程度上呈随机分布的数据。我们可以通过多项式回归捕捉数据的这种倾向。

7.1.6 实现多项式回归

示例 7.2 中的代码可以实现多项式回归。通过使用梯度下降法，调整每个系数，以减小平方和误差。这里必须为每个参数设置一个初始值，但由于输入 X 的每个值在 −1 和 1 之间，因此越高次的项就需要越大的初始值。

下面对 1 次多项式、3 次多项式和 6 次多项式进行多项式回归，并显示结果（示例 7.2）。

示例 7.2　利用梯度下降法进行多项式回归

In

```
eta = 0.01  # 学习系数

# --- 多项式 ---
def polynomial(x, params):
    poly = 0
        for i in range(len(params)):
        poly += params[i]*x**i  # 式（7-1）
    return poly

# --- 各参数的斜率 ---
def grad_params(X, T, params):
    grad_ps = np.zeros(len(params))
    for i in range(len(params)):
        for j in range(len(X)):
            grad_ps[i] += ( polynomial(X[j], params) ⇨
- T[j] )*X[j]**i  # 式（7-7）
    return grad_ps
```

```python
# --- 学习 ---
def fit(X, T, degree, epoch):  ⇨
# degree：多项式的次数    epoch：重复次数


    # --- 设定参数的初始值 ---
    params = np.random.randn(degree+1)  # 参数的初始值
    for i in range(len(params)):
        params[i] *= 2**i # 越高的项，参数的初始值越大


    # --- 更新参数 ---
    for i in range(epoch):
        params -= eta * grad_params(X, T, params)  ⇨
# 式（7-4）


    return params


# --- 显示结果 ---
degrees = [1, 3, 6]  # 多项式的次数
for degree in degrees:
    print("--- " + str(degree) + "次多项式 ---")  ⇨
# 用str变换字符串
    params = fit(X, T, degree, 1000)
    Y = polynomial(X, params)  ⇨
# 使用学习后的参数的多项式
    plt.scatter(X, T)
    plt.plot(X, Y, linestyle="dashed")
    plt.show()
```

--- 1次多项式 ---

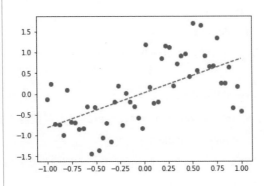

-- 3次多项式 ---

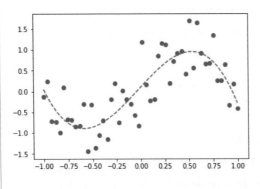

--- 6次多项式 ---

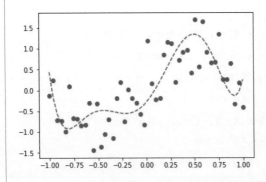

在 1 次多项式的情况下，函数的形状为直线。此时，只能非常粗略地把握数据趋势。在 3 次多项式的情况下，函数的形状与 sin() 函数接近，可以很好地捕捉数据的趋势。而在 6 次多项式的情况下，函数的形状过于复杂，无法正确把握数据的趋势。

综上所述，多项式次数过大或过小，都不能正确把握数据的趋势。像上面的 6 次多项式的情况一样，由于模型过于复杂等原因而过度拟合数据的情况被称为过度学习。过度学习可以认为是由于模型过度适应数据，从而未能抓住数据本质的状态。

这种过度学习的发生会降低模型预测未知数据的性能，因此过度学习是机器学习整体上应该避免的问题。

7.1.7 练习

问题

请变更示例 7.2 多项式回归代码中的多项式次数并执行学习。

解答示例

请确认学习结果是否与设想相符。

7.2 分类与逻辑回归

本节用逻辑回归这种机器学习方法，对数据进行分类。

7.2.1 什么是分类

在 7.1 节中简单提到过，使用以 0、1 等离散值为输出的机器学习模型，来捕捉数据的倾向被称为分类。也就是说，分类意味着根据机器学习模型对输入进行分组。

例如，对花的品种的分类和字符的识别等，对离散输入进行分组的机器学习任务，可以视为分类。

逻辑回归将输入分为 0 和 1 两个值。

在逻辑回归中，被用于分类的公式如下：

$$y = \frac{1}{1 + \exp\left(-\left(\sum_{k=1}^{n} a_k x_k + b\right)\right)} \qquad (7\text{-}8)$$

这里的 $x_1, x_2, \cdots, x_n$ 为输入，$a_1, a_2, \cdots, a_n$ 以及 b 是参数。有多个变量作为输入。

设 $u = \sum_{k=1}^{n} a_k x_k + b$，则式（7-8）可变形如下：

$$y = \frac{1}{1 + \exp(-u)}$$

这个等式与前面章节中学习过的 sigmoid 函数相同。

在逻辑回归中，利用 sigmoid 函数可以在 0 到 1 范围内连续输出的特性，当输出小于 0.5 时，将其分类为 0 组，当输出大于 0.5 时，将其分类为 1 组。

式（7-8）中的输出在 0 到 1 的范围内，因此可以将其解释为概率。另外，由于这里是二值分类，实际组可以用 0 或 1 来表示。所以，可以使用前面讲解过的交叉熵来表示误差。

通过调整参数使误差最小化，式（7-8）中的模型就会学习如何进行正确的分类。

7 2 3 参数的优化

下面，依然使用下式所表示的梯度下降法来优化参数，假设 $1 \leqslant i \leqslant n$：

$$a_i = a_i - \eta \frac{\partial E}{\partial a_i}$$

$$\qquad (7\text{-}9)$$

$$b = b - \eta \frac{\partial E}{\partial b}$$

首先，用下面的表达式来处理误差：

7 利用机器学习实践数学模型

$$E = -\sum_{j=1}^{m}\left(t_j \log y_j + (1-t_j)\log(1-y_j)\right) \qquad (7\text{-}10)$$

其中，m 是用于学习的样本数量。而 y_j 的表示方法如下：

$$y_j = \cfrac{1}{1+\exp\left(-\left(\displaystyle\sum_{k=1}^{n} a_k x_{jk} + b\right)\right)} \qquad (7\text{-}11)$$

x_{jk} 有两个下标，其中 j 表示与输出 y_j 对应的输入。

此时，通过连锁律利用 a_i 对误差 E 进行偏微分，求出斜率：

$$\begin{aligned}
\frac{\partial E}{\partial a_i} &= -\sum_{j=1}^{m}\left(t_j \frac{\partial}{\partial a_i}(\log y_j) + (1-t_j)\frac{\partial}{\partial a_i}(\log(1-y_j))\right) \\
&= -\sum_{j=1}^{m}\left(t_j \frac{\partial(\log y_j)}{\partial y_j}\frac{\partial y_j}{\partial a_i} + (1-t_j)\frac{\partial(\log(1-y_j))}{\partial y_j}\frac{\partial y_j}{\partial a_i}\right) \quad (7\text{-}12) \\
&= -\sum_{j=1}^{m}\left(\frac{t_j}{y_j}\frac{\partial y_j}{\partial a_i} - \frac{1-t_j}{1-y_j}\frac{\partial y_j}{\partial a_i}\right)
\end{aligned}$$

下面计算 $\dfrac{\partial y_j}{\partial a_i}$。假设 $u_j = \sum_{k=1}^{n} a_k x_{jk} + b$，那么根据连锁律可以表示如下：

$$\frac{\partial y_j}{\partial a_i} = \frac{\partial y_j}{\partial u_j}\frac{\partial u_j}{\partial a_i} \qquad (7\text{-}13)$$

其中，式（7-13）右边的 $\dfrac{\partial y_j}{\delta u_j}$ 是 sigmoid 函数的偏微分。而 sigmoid 函数 $f(x)$ 的导数为

$$f'(x) = (1-f(x))f(x)$$

该等式还可以表示如下：

$$\frac{\partial y_j}{\partial u_j} = (1-y_j)y_j$$

而式（7-13）右边 $\dfrac{\partial u_j}{\partial a_i}$ 的计算结果如下：

$$\frac{\partial u_j}{\partial a_i} = x_{ji}$$

通过这些转换和计算，式（7-13）可以变形成下面的等式：

$$\frac{\partial y_j}{\partial a_i} = (1 - y_j) y_j x_{ji}$$

之后向这个等式中代入式（7-12）得到以下结果：

$$
\begin{aligned}
\frac{\partial E}{\partial a_i} &= -\sum_{j=1}^{m} \left(\frac{t_j}{y_j} \frac{\partial y_j}{\partial a_i} - \frac{1-t_j}{1-y_j} \frac{\partial y_j}{\partial a_i} \right) \\
&= -\sum_{j=1}^{m} \left(t_j (1-y_j) x_{ji} - (1-t_j) y_j x_{ji} \right) \\
&= -\sum_{j=1}^{m} (t_j - y_j) x_{ji} \\
&= \sum_{j=1}^{m} (y_j - t_j) x_{ji}
\end{aligned}
\tag{7-14}
$$

这个结果，与上一节中回归的表达式相似。

下面计算 $\dfrac{\partial E}{\partial b}$。这个斜率的计算方法与 $\dfrac{\partial E}{\partial a_i}$ 的计算方法基本相同，只有 $\dfrac{\partial u_j}{\partial b}$ 这一处不同。

$$\frac{\partial u_j}{\partial b} = 1$$

将式（7-12）中的 a_i 替换成 b，并利用上述的关系，可以求出 $\dfrac{\partial E}{\partial b}$ 的结果：

$$\frac{\partial E}{\partial b} = \sum_{j=1}^{m} (y_j - t_j) \tag{7-15}$$

而根据式（7-9）、式（7-14）、式（7-15），参数将被不断更新优化。

7 2 4 使用的数据

本节中用于逻辑回归的数据，是在 (x, y) 坐标上分配 0 或 1 作为正确标签，由示例 7.3 中的代码生成的。坐标平面左上方区域的正确标签为 0，右下方区域的正确标签为 1，不过这里故意模糊了区域边界。

| 示例 7.3 | 边界模糊但被划分为 2 个区域的数据 |

In

```
%matplotlib inline

import numpy as np
import matplotlib.pyplot as plt

n_data = 500   # 数据数量
X = np.zeros((n_data, 2))   # 输入
T = np.zeros((n_data))      # 正确数据

for i in range(n_data):
    # 随机设定 x、y 坐标
    x_rand = np.random.rand()   # x 坐标
    y_rand = np.random.rand()   # y 坐标
    X[i, 0] = x_rand
    X[i, 1] = y_rand

    # 令 x 比 y 大的区域的正确标签为 1。⇨
    # 使用正态分布略微模糊边界
    if x_rand > y_rand + 0.2*np.random.randn():
        T[i] = 1

plt.scatter(X[:, 0], X[:, 1], c=T)   # 为正确标签配色
plt.colorbar()
plt.show()
```

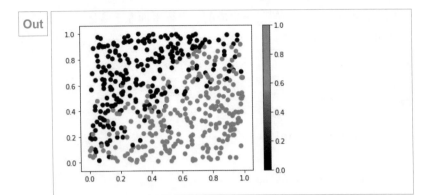

数据按正确标签被分为 0 和 1 两组。在示例 7.3 的散点图中，可以发现在有的区域中数据明显属于其中一个组，而也有区域包含混杂在一起的数据。

7 2 5 实现逻辑回归

下面用示例 7.4 中的代码实现逻辑回归。这里需要使用梯度下降法调整每个系数来减小交叉熵误差，并将结果中的概率分布和一段时间内的误差变化用图表的形式显示出来。

示例 7.4　利用逻辑回归为数据分类

In

```
eta = 0.01   # 学习系数

# --- 计算输出（进行分类）---
def classify(x, a_params, b_param):
    u = np.dot(x, a_params) + b_param   # 式（7-11）
    return 1/(1+np.exp(-u))   # 式（7-11）

# --- 交叉熵误差 ---
def cross_entropy(Y, T):
    delta = 1e-7   # 微小值
    return -np.sum(T*np.log(Y+delta) + (1-T)*np.log⇨
(1-Y+delta))   # 式（7-10）
```

```
# --- 各参数的斜率 ---
def grad_a_params(X, T, a_params, b_param):  ⇨
# a1, a2, ... 的斜率
    grad_a = np.zeros(len(a_params))
    for i in range(len(a_params)):
        for j in range(len(X)):
            grad_a[i] += ( classify(X[j], a_params, ⇨
b_param) - T[j] )*X[j, i]  # 式（7-14）
    return grad_a

def grad_b_param(X, T, a_params, b_param):  # b的斜率
    grad_b = 0
    for i in range(len(X)):
        grad_b += ( classify(X[i], a_params, b_param) ⇨
- T[i] )        # 式（7-15）
    return grad_b

# --- 学习 ---
error_x = []  # 用于记录误差
error_y = []  # 用于记录误差
def fit(X, T, dim, epoch):  ⇨
# dim: 输入的维度  epoch: 重复次数

    # --- 设定参数的初始值 ---
    a_params = np.random.randn(dim)
    b_param = np.random.randn()

    # --- 更新参数 ---
    for i in range(epoch):
        grad_a = grad_a_params(X, T, a_params, b_param)
        grad_b = grad_b_param(X, T, a_params, b_param)
        a_params -= eta * grad_a  # 式（7-9）
        b_param -= eta * grad_b  # 式（7-9）
```

```
        Y = classify(X, a_params, b_param)
        error_x.append(i)  # 误差的记录
        error_y.append(cross_entropy(Y, T))  # 误差的记录


    return (a_params, b_param)


# --- 显示概率分布 ---
a_params, b_param = fit(X, T, 2, 200)  # 学习
Y = classify(X, a_params, b_param)   ⇨
# 使用学习后的参数进行分类


result_x = []  # x坐标
result_y = []  # y坐标
result_z = []  # 概率
for i in range(len(Y)):
    result_x.append(X[i, 0])
    result_y.append(X[i, 1])
    result_z.append(Y[i])


print("--- 概率分布 ---")
plt.scatter(result_x, result_y, c=result_z)   ⇨
# 为概率配色并显示
plt.colorbar()
plt.show()


# --- 误差的变化 ---
print("--- 误差的变化 ---")
plt.plot(error_x, error_y)
plt.xlabel("Epoch", size=14)
plt.ylabel("Cross entropy", size=14)
plt.show()
```

利用机器学习实践数学模型

7

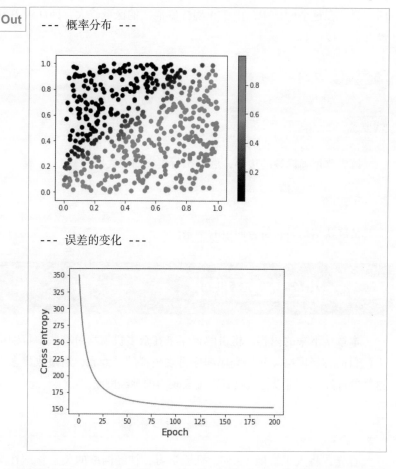

执行示例 7.4 中的代码后，结果用图表显示出了概率分布和误差的变化。

由于逻辑回归可以将输出解释为概率，因此可以认为图表中的颜色是被分类到正确标签 1 中的概率。与原来的数据一样，左上区域和右下区域的概率是恒定的，但是在原来的数据中 0 和 1 标签混杂的边界区域，概率为介于 0 和 1 之间的值。

像这样，通过学习逻辑回归模型，可以通过抓取概率分布来掌握数据倾向。在将结果分类为两个值时，可以把 0.5 作为边界将结果分为两类：一个区域的输出较小，另一个区域的输出较大。

另外，从学习后的误差变化图中可以发现，随着学习的进展，参数会得到最优化，同时交叉熵误差也逐渐减小。误差的减小速度会逐渐减缓。在这个例子中，由于正确标签混杂的区域较大，因此误差并没有十分接近 0。

7️⃣2️⃣6️⃣ 练习

问题

请更改正确标签的边界，然后执行逻辑回归代码。

解答示例

请确认结果是否符合假定的结果。

7.3 神经网络概述

本章接下来的内容，将讲解近年来在众多机器学习算法中特别引人注目的神经网络。我们会用程序再现模拟的神经元，通过收集多个这样的神经元，可以构筑具有高度表现力的神经网络。

7️⃣3️⃣1️⃣ 人工智能（AI）、机器学习、神经网络

首先，将人工智能（AI）、机器学习、神经网络的关系整理在图 7.1 中。

图 7.1 人工智能（AI）、机器学习、神经网络

图 7.1 中范围最大的是人工智能。且图中的人工智能包含了机器学习，而机器学习中的一部分是神经网络。

接下来，对其中的人工智能进行解说。以下列举出了几种与人工智能相关的概念。

- 机器学习

  计算机算法通过经验进行学习并自动改进，做出判断。
- 遗传算法

  模仿生物进化论，通过组合交叉和变异演算的计算模型。
- 群智能

  遵循简单规则行动的个体的集合体，以集团形式采取高级的行动。
- 专家系统

  通过模仿人类专家的思维，可以提出基于知识的建议。
- 模糊控制

  通过模糊控制规则采取接近人类经验的控制行为。主要被用于家电等。

此外，上述的机器学习中，还存在以下这些算法。

- 强化学习

  "智能体"可以通过反复试验试错，学习如何在环境中实现价值最大化。
- 决策树

  通过训练树形结构，可以将数据进行枝叶状分类。通过这种方法，可以更好地对数据进行预测。
- 支持向量机

  训练超平面（平面的扩张），以此来对数据进行分类。
- K 近邻法

  使用最近邻的 K 个点，通过多数决进行分类。这是最简单的机器学习算法。

- 神经网络

  以大脑的神经细胞网格为原型构思出的模型，是近年来备受关注的深度学习的基础。

综上所述，神经网络其实是机器学习的算法。

7 3 2 神经元模型

实际的大脑中约有 1000 亿个神经细胞，计算机上的神经网络就是以大脑中的神经网络为模型创造出来的。

计算机上的神经网络也被称为人工神经网络，接下来本书中提到神经网络时，指的都是这里所说的人工神经网络。

如图 7.2 所示，神经网络会将脑内的神经细胞进行抽象化。

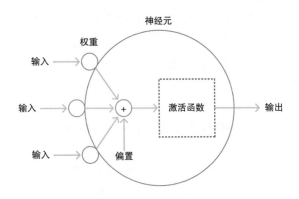

图 7.2　神经元模型

在单一的神经元中，会对多个输入分别乘以权重并相加。然后，对其施加偏置，最后用激活函数进行处理。

通过将输入乘以权重，可以调整每个输入的影响力。另外，通过在输入和权重的乘积的总和上加上偏置，可以调整进入激活函数的值，所以偏置可以说是能被用来表示神经元灵敏度的值。同时，激活函数可以将输入和权重的乘积的总和与偏置相加，并将其结果转换为输出。所以激活函数可以说是能令神经元兴奋的函数。根据输入该函数的大小来决定神经元兴奋的程度，这就是输出。

7.3.3 神经网络

神经网络是由多个单一神经元组合而成的。图 7.3 是神经网络的
概念图。

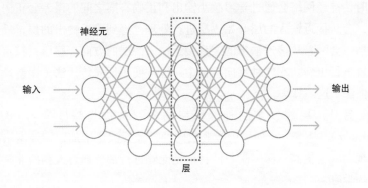

图 7.3　神经网络

神经网络是由多个神经元组成的层经过排列构成的。单一神经元
可以连接到相邻层中的所有神经元，但不能连接到同一层中的其他神
经元。一个神经元的输出将成为下一层神经元的输入。信息会从神经
网络整体的输入开始面向整体的输出，从一层流动到另一层。

另外，神经网络中还存在正向传播、反向传播的概念，如图 7.4 所示。
正向传播是将信息从输入流向输出，反向传播是将信息从输出流向输入。

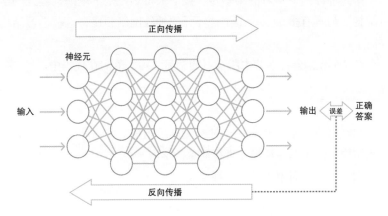

图 7.4　正向传播与反向传播

在图 7.4 中，除了输入和输出之外，还存在正确答案。在让神经网络进行学习时，需要调整各神经元的权重和偏置，使输出接近正确答案。

在正向传播中，神经网络会根据输入值预测输出值，而在反向传播时，神经网络会通过学习减小输出和正确答案之间的误差。正向传播，会从接近输入的层开始逐层进行处理，直到接近输出的层；反向传播，会沿着从接近输出的层到接近输入的层的方向，逐层对权重和偏置进行更新。在这种反向传播中，经常使用反向传播法（误差反向传播法）这一算法。

另外，层数较多的神经网络的学习被称为深度学习（deep learning）。基本上，如果层数和层内的神经元数量增加，神经网络的表现力就会提高。深度学习的特征是能够进行部分逼近人脑的非常高度的学习。

虽然反向传播算法有点复杂，但本章将对其进行大幅度简化。将神经网络中的神经元数量减少到极限，令其结构变成单层和单一神经元。通过这种方法即便是单一神经元，也可以进行学习。

7.4 学习机制

作为神经网络学习的第一步，接下来将学习基于单一神经元的学习结构。与具有多个层、多个神经元的神经网络相比，这种学习结构要简单得多。

在 7.5 节，会将本节中所学习的学习结构，落实在代码中。

7 4 1 单一神经元的学习

神经网络通常由具有多个神经元的层组成。不过在本节中，为了简化结构，使用单一神经元进行简单的学习。

图 7.5 是下面用于学习的神经元。

图 7.5　信息在单一神经元中所进行的传播

　　神经元通常会有多个输入，但在这里仅有一个输入。该神经元的输入为 x 坐标，输出为 y 坐标，下面训练神经元使输出接近正确答案。

7.4.2　正向传播的表达式

　　在上述单个神经元中，正向传播可以用以下表达式来表示：

$$u = wx + b$$
$$y = f(u)$$

（7-16）

　　表达式中，x 为输入，y 为输出。

　　w 是被称为权重的参数，b 是被称为偏置的参数。通过调整这些参数后，即使是单一的神经元也可以进行学习。

　　将输入和权重的乘积加上偏置的结果设为 u，将 u 放入一个被称为激活函数的函数中。在上面的公式中，f 是激活函数。通过 f，可以得到作为输出的 y。在神经网络中会使用到各种激活函数，而这次使用 sigmoid 函数作为激活函数。

　　此时，式（7-16）将变形如下：

$$y = \frac{1}{1 + \exp\left(-(wx + b)\right)}$$

7.4.3　误差的定义

　　下面来定义输出和正确答案之间的误差。为了减小误差，可以通过调整权重和偏置来进行学习。

由于在这里要处理回归，所以误差函数使用以下的平方和误差：

$$E = \frac{1}{2}\sum_{j=1}^{m}(y_j - t_j)^2$$

由于单一神经元只有 1 个输出，因此每次正向传播的误差可以表示为以下形式：

$$E = \frac{1}{2}(y - t)^2$$

其中，E 为误差，t 为正确答案，y 为输出。

在本例中，每一次正向传播都要求出误差并更新参数，这种学习被称为在线学习。与之相对，对使用的所有数据进行正向传播，利用误差的总和对参数进行更新的学习被称为批处理学习。

另外，由于此次使用了回归，所以使用了平方和误差，但在分类的情况下，却经常会利用到交叉熵误差。

7.4.4 准备正确数据

本节，让单一神经元模型学习 sin() 函数的曲线。不过由于模型中只有一个神经元，所以现在只能学习曲线的一部分。此处我们使用从 $-\pi/2$ 到 $\pi/2$ 的曲线（示例 7.5）。由于 sigmoid 函数只能输出 0 和 1 之间的值，因此需要将正确的值调整到该范围内。

示例 7.5　　准备输入数据和正确数据

```
In

%matplotlib inline

import numpy as np
import matplotlib.pyplot as plt

# -- 准备输入和正确数据 --
X = np.linspace(-np.pi/2, np.pi/2)   ⇨
# 输入：范围从 - π/2 到 π/2
```

```
T = (np.sin(X) + 1)/2   # 正确数据：范围从0到1
n_data = len(T)   # 数据个数

# --- 尝试绘制图表 ---
plt.plot(X, T)

plt.xlabel("x", size=14)
plt.ylabel("y", size=14)
plt.grid()

plt.show()
```

Out

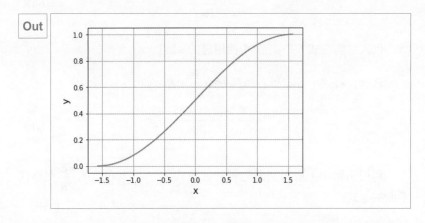

在进行学习时，需要调整权重和偏置使输出接近此曲线。在学习更复杂的曲线时，有必要增加神经元的数量和层的数量。

7.4.5 权重与偏置的更新

下面使用梯度下降法的表达式，对权重和偏置进行更新。

$$w \leftarrow w - \eta \frac{\partial E}{\partial w}$$
$$b \leftarrow b - \eta \frac{\partial E}{\partial b}$$

（7-17）

$\dfrac{\partial E}{\partial w}$ 是权重的斜率，$\dfrac{\partial E}{\partial b}$ 是偏置的斜率。必须确定这些斜率，才能使用上面的表达式更新权重和偏置。

在本示例中，将采用随机梯度下降法（stochastic gradient descent，SGD）进行计算。随机梯度下降法可以随机抽取样本，并使用上述的表达式更新参数。

7.4.6 权重的斜率

下面求出权重和偏置各自的斜率。首先求出权重的斜率，即 $\dfrac{\partial E}{\partial w}$。

可以使用第 5 章中学习过的连锁律将权重的斜率展开如下：

$$\frac{\partial E}{\partial w} = \frac{\partial E}{\partial u} \frac{\partial u}{\partial w} \qquad (7\text{-}18)$$

代入之前在式（7-16）中使用过的 u。

这里，将这个等式里右侧部分的 $\dfrac{\partial u}{\partial w}$ 表示如下：

$$\begin{aligned} \frac{\partial u}{\partial w} &= \frac{\partial (wx+b)}{\partial w} \\ &= x \end{aligned} \qquad (7\text{-}19)$$

利用由输出 y 所得到的连锁律，将式（7-18）右边的 $\dfrac{\partial E}{\partial u}$ 变形成下面的等式：

$$\frac{\partial E}{\partial u} = \frac{\partial E}{\partial y} \frac{\partial y}{\partial u}$$

表示用输出对误差进行偏微分所得到的结果和用 u 对输出进行偏微分所得到的结果的乘积。

如下所示，通过对误差进行偏微来求出前者：

$$\frac{\partial E}{\partial y} = \frac{\partial}{\partial y}\left(\frac{1}{2}(y-t)^2 \right) = y - t$$

而后者，可以通过对激活函数进行偏微分来求得。

激活函数中会使用到 sigmoid 函数，而 sigmoid 函数的导数 $f(x)$ 为：

$$f'(x) = (1 - f(x))f(x)$$

因此，$\dfrac{\partial y}{\partial u}$ 变成下面的形式：

$$\frac{\partial y}{\partial u} = (1 - y)y$$

在这里，设定一个 δ：

$$\delta = \frac{\partial E}{\partial u} = \frac{\partial E}{\partial y}\frac{\partial y}{\partial u} = (y - t)(1 - y)y \qquad （7-20）$$

在计算偏置的斜率时，也会用到这个 δ。

根据式（7-19）和式（7-20），将式（7-18）变形如下：

$$\frac{\partial E}{\partial w} = x\delta$$

最终将权重的斜率 $\dfrac{\partial E}{\partial w}$，表示为 x 与 δ 的乘积。

7 4 7 偏置的斜率

下面，用同样的方法计算出偏置的斜率。

在计算偏置斜率的情况下，根据连锁律，以下关系得以成立：

$$\frac{\partial E}{\partial b} = \frac{\partial E}{\partial u}\frac{\partial u}{\partial b} \qquad （7-21）$$

此时，右侧 $\dfrac{\partial u}{\partial b}$ 的部分将变形如下：

$$\begin{aligned}\frac{\partial u}{\partial b} &= \frac{\partial(wx + b)}{\partial b} \\ &= 1\end{aligned}$$

与计算权重的斜率时的方法一样，同样将式（7-21）中 $\dfrac{\partial E}{\partial u}$ 的部分设为 δ。

结合上述所有操作，式（7-21）可变形如下：

$$\frac{\partial E}{\partial b} = \delta$$

这样一来，偏置的斜率与 δ 相等。

综上所述，我们可以用带有 δ 的简单等式来分别表示权重和偏置的斜率。通过使用这些等式以及式（7-17）对权重和偏置进行更新，就可以让神经网络进行学习。

7.5 通过单一神经元实现学习

利用 7.4 节导出的等式，来实现可进行学习的单一神经元的代码。

7.5.1 基础数学式

下面以 7.4 节中学习过的数学公式作为基础，来编写代码。

x：输入　y：输出　f：激活函数　w：权重　b：偏置　η：学习系数　E：误差　t：正确数据

$$u = xw + b \tag{7-22}$$

$$y = f(u) \tag{7-23}$$

$$w = w - \eta \frac{\partial E}{\partial w} \tag{7-24}$$

$$b = b - \eta \frac{\partial E}{\partial b} \tag{7-25}$$

$$\delta = (y - t)(1 - y)y \tag{7-26}$$

$$\frac{\partial E}{\partial w} = x\delta \tag{7-27}$$

$$\frac{\partial E}{\partial b} = \delta \tag{7-28}$$

7.5.2 输入与正确数据

下面我们要准备学习用的输入数据和正确数据。如 7.4 节所述，使用正弦曲线的一部分作为正确数据（示例 7.6）。

示例 7.6　准备输入数据和正确数据

In

```
%matplotlib inline

import numpy as np
import matplotlib.pyplot as plt


X = np.linspace(-np.pi/2, np.pi/2)  # 输入
T = (np.sin(X) + 1)/2  # 正确数据
n_data = len(T)         # 数据数量
```

7.5.3　正向传播与反向传播

下面以函数的形式来实现正向传播和反向传播。在函数内，按顺序来实现每个公式（示例 7.7）。

示例 7.7　以函数形式实现正向和反向传播

In

```
# --- 正向传播 ---
def forward(x, w, b):
    u = x*w + b              # 式（7-22）
    y = 1/(1+np.exp(-u))  # 式（7-23）
    return y


# --- 反向传播 ---
def backward(x, y, t):
    delta = (y - t)*(1-y)*y  # 式（7-26）
    grad_w = x * delta        # 式（7-27）权重的斜率
    grad_b = delta            # 式（7-28）偏置的斜率
    return (grad_w, grad_b)
```

7.5.4　显示输出

下面实现可以将输出和正确答案显示为图表的函数。需要在图表下方显示出 epoch 数以及平方和误差（示例 7.8）。

示例 7.8　　实现用于显示输出的函数

In
```
def show_output(X, Y, T, epoch):
    plt.plot(X, T, linestyle="dashed")  # 用虚线显示正确数据
    plt.scatter(X, Y, marker="+")  # 用散点图显示输出

    plt.xlabel("x", size=14)
    plt.ylabel("y", size=14)
    plt.grid()
    plt.show()

    print("Epoch:", epoch)
    print("Error:", 1/2*np.sum((Y-T)**2))  ⇨
# 显示平方和误差
```

7·5·5 学习

这里利用随机梯度下降法，使单一神经元进行学习。从数据中随机抽取样本，并重复正向传播、反向传播和参数更新。

用图表显示学习进度和结果（示例 7.9）。

示例 7.9　　单一神经元的学习

In
```
# --- 固定值 ---
eta = 0.1    # 学习系数
epoch = 100  # 期数

# --- 初始值 ---
w = 0.2   # 权重
b = -0.2  # 偏置

#  --- 学习 ---
for i in range(epoch):

    if i < 10:  # 仅显示前10期的学习进度
```

```
        Y = forward(X, w, b)
        show_output(X, Y, T, i)


    idx_rand = np.arange(n_data)  # 从0开始到n_data-1为止的整数
    np.random.shuffle(idx_rand)   # 打乱


    for j in idx_rand:  # 随机样本


        x = X[j]          # 输入
        t = T[j]          # 正确数据


        y = forward(x, w, b)  # 正向传播
        grad_w, grad_b = backward(x, y, t)  # 反向传播
        w -= eta * grad_w    # 式（7-24）更新权重
        b -= eta * grad_b    # 式（7-25）更新偏置


# --- 显示最终结果 ---
Y = forward(X, w, b)
show_output(X, Y, T, epoch)
```

Out

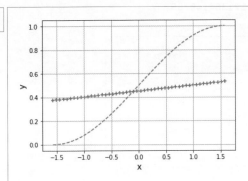

```
Epoch: 0
Error: 2.4930145826202508
```

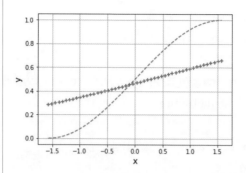

Epoch: 1

Error: 1.5371660301488528

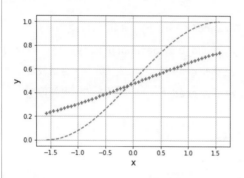

Epoch: 2

Error: 1.021171264140759

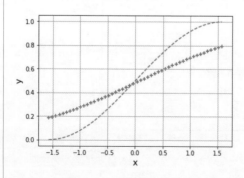

Epoch: 3

Error: 0.7258933156707209

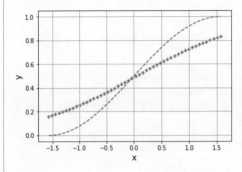

Epoch: 4
Error: 0.5442389354075363

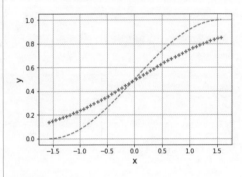

Epoch: 5
Error: 0.4242833509813842

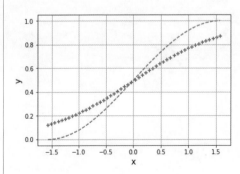

Epoch: 6
Error: 0.34022528006053454

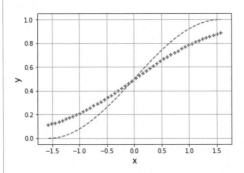

Epoch: 7

Error: 0.27939209854374475

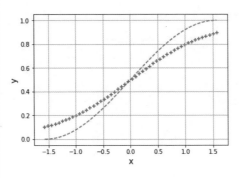

Epoch: 8

Error: 0.23353294551245102

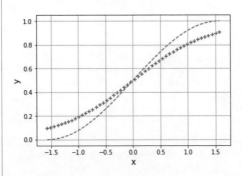

Epoch: 9

Error: 0.19812601707486588

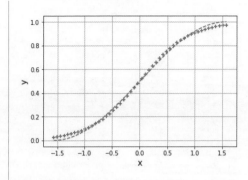

```
Epoch: 100
Error: 0.0096042424848388
```

在示例 7.9 的图像中，虚线表示正确数据，十字线表示输出，输出曲线逐渐接近正确数据的曲线，表明单一神经元正在学习正弦曲线。随着十字线的排列逐渐接近虚线，误差也在逐渐减小。

通过本例进一步验证即使是只有 1 个输入的单一神经元，也拥有学习能力。不过通过将多个神经元聚集成层，并进一步叠加多个层，神经网络可以发挥出比本次采用的例子更高的学习能力。

7.6　向深度学习迈进

本章将讲解通往深度学习的途径。

7.6.1　多层神经网络学习

本节我们将把列车从单一神经元的轨道上，开向多层的神经网络。首先想象一个如图 7.6 一样的神经网络。

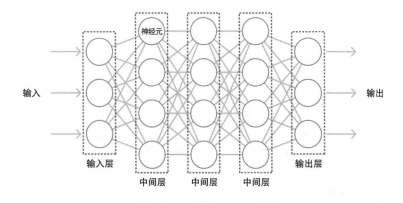

图 7.6　多层神经网络

神经网络的 1 个层中包含多个神经元。在输入层接收的输入会经过多个中间层处理，并从输出层输出。

下面用表达式来表示神经网络中的正向传播和反向传播。由于输入层只接收输入，因此只讨论中间层和输出层的处理。

首先是正向传播，中间层和输出层都用下面的表达式来表示。因为一个神经元会对应多个输入，所以前面介绍的单一神经元的正向传播表达式，就可以对应多个输入。

$$u = \sum_{k=1}^{n} w_k x_k + b$$
$$y = f(u)$$

在上面的表达式中，n 是针对 1 个神经元的输入数，x_k 与 w_k 是输入和与之相应的权重，b 是偏置，f 是激活函数，y 是神经元的输出。

接下来是反向传播，以下几个都是中间层和输出层都会使用的表达式。设 $1 \leqslant i \leqslant n$。

$$\delta = \frac{\partial E}{\partial u} = \frac{\partial E}{\partial y} \frac{\partial y}{\partial u} \qquad (7\text{-}29)$$

$$\frac{\partial E}{\partial w_i} = x\delta \qquad (7\text{-}30)$$

$$\frac{\partial E}{\partial b} = \delta \qquad (7\text{-}31)$$

虽然为了对应多个输入，给 w 添加了下标，但除此之外式（7-29）、式（7-30）和式（7-31）的形式都与前面提到的单一神经元所使用的表达式相同。

可以通过对该层的激活函数进行偏微分来计算出式（7-29）右侧的 $\dfrac{\partial y}{\partial u}$，但中间层和输出层的 $\dfrac{\partial E}{\partial y}$ 的计算方法却有所不同。

在输出层，采用与 7.5 节同样的方法，通过使用输出对误差函数进行偏微分来计算出 $\dfrac{\partial E}{\partial y}$。

而在计算中间层的 $\dfrac{\partial E}{\partial y}$ 时，需要知道下一层（比该层更接近输出的一层）的信息。

利用多变量复合函数的连锁律，以及下一层的变量，通过如下的方法来计算出中间层的 $\dfrac{\partial E}{\partial y}$。在其右肩上为下一层的变量添加上 (nl) 标记。nl 是 next layer 的缩写。

$$\frac{\partial E}{\partial y} = \sum_{j=1}^{m} \frac{\partial E}{\partial u_j^{(\mathrm{nl})}} \frac{\partial u_j^{(\mathrm{nl})}}{\partial y} \qquad (7\text{-}32)$$

等式中的 m 是下一层的神经元数量。$u_j^{(\mathrm{nl})}$ 是下一层每个神经元的 u 的值。通过对在下一层的所有神经元的

$$\frac{\partial E}{\partial u_j^{(\mathrm{nl})}} \frac{\partial u_j^{(\mathrm{nl})}}{\partial y}$$

进行计算并求和，计算出该层的 $\dfrac{\partial E}{\partial y}$。

上式中的 $\dfrac{\partial E}{\partial u_j^{(\mathrm{nl})}}$ 可以用式（7-29）里的 δ 来表示：

$$\delta_j^{(\mathrm{nl})} = \frac{\partial E}{\partial u_j^{(\mathrm{nl})}} \qquad (7\text{-}33)$$

至于 $\dfrac{\partial u_j^{(\mathrm{nl})}}{\partial y}$，由于 y 是该神经元的输入之一，将其进行偏微分后，结果只剩下与该输入叠加的权重。因此，假设与 y 叠加的权重为 $w_j^{(\mathrm{nl})}$，那么 $\dfrac{\partial u_j^{(\mathrm{nl})}}{\partial y}$ 将变形如下：

$$\frac{\partial u_j^{(\mathrm{nl})}}{\partial y} = w_j^{(\mathrm{nl})} \tag{7-34}$$

根据式（7-33）、式（7-34）、式（7-32），变形如下：

$$\frac{\partial E}{\partial y} = \sum_{j=1}^{m} \delta_j^{(\mathrm{nl})} w_j^{(\mathrm{nl})}$$

这样求出了中间层的 $\dfrac{\partial E}{\partial y}$。在这个等式中，$w_j^{(\mathrm{nl})}$ 是下一层中用来对 y 叠加的权重。

如上所述，想要得到中间层中神经元的 δ，需要利用到下一层的 $\delta^{(\mathrm{nl})}$ 以及用来对 y 叠加的权重。这意味着在反向传播中，信息从输出回溯到输入。

这种反向传播算法被称为误差反向传播法（Backpropagation）。即使层数增加，使用误差反向传播法，也可以按照输出层→中间层→中间层→……的顺序，通过追溯层来适当地更新参数。

此外，上述表达式表示的是多层神经网络中的 1 个神经元的处理方法，通过使用矩阵，可以同时执行层内所有神经元的处理。

7 6 2 向深度学习迈进

利用多层神经网络进行的学习被称为深度学习，深度学习基本也可以通过上述算法实现。

以常规神经网络为基础的卷积神经网络（convolutional neural network，CNN）、递归神经网络（recurrent neural network，RNN）等，基本都可以通过上述误差反向传播法进行学习。

在用 Python 进行深度学习时，将每一层作为"类"来实现将会非常方便。类是面向对象的结构，但利用类可以编写比函数更抽象、更结构化的代码。

虽然本书没有使用类来解说面向人工智能的数学知识，但是为了

编写出更实用的深度学习代码，推荐大家使用"类"。事实上，诸如
TensorFlow 和 Chainer 等著名的框架中，许多功能都是通过"类"来
实现的。

另外，对于想要更详细地学习深度学习知识的读者，推荐大家阅
读作者的另一本著作《写给新手的深度学习——用 Python 学习神经网
络和反向传播》。

结　语

感谢购买《用 Python 编程和实践！数学教科书》这本书。

学习 AI 这件事，无论是从实用主义还是从修身养性等各种角度来看，都是非常有意义的事情，但是对很多人来说，数学知识和程序设计会成为学习 AI 的障碍。如果通过本书，可以使这样的学习障碍稍微降低一点，作为作者，我是非常高兴的。

本书是以笔者在在线教育平台 Udemy 担任讲师时的讲座《面向 AI 的数学讲座：循序渐进地掌握面向人工智能的线性代数 / 概率·统计 / 微分》为基础编写的。如果没有那时授课的经验，本书写作起来会非常困难。借此机会，要向支持该讲座的 Udemy 工作人员表示感谢。另外，从学员那里得到的反馈对写作本书也有很大帮助。所以也要向该讲座的学员们表示感谢。

此外，翔泳社的宫腰先生不仅带给了我写作本书的契机，还为本书的完成付出了巨大的努力。这里再次对他表示感谢。

在大家今后的人生中，如果本书中的知识能以某种形式发挥作用，作为作者，我将不胜荣幸。

我妻 幸长